Berichte aus dem
Institut für Umformtechnik
der Universität Stuttgart
Herausgeber: Prof. Dr.-Ing. K. Lange

84

Matthias Weiergräber

Korrosionsbeständigkeit tiefgezogener rotationssymmetrischer Werkstücke aus austenitischen Stählen

Mit 63 Abbildungen und 4 Tabellen

Springer-Verlag
Berlin Heidelberg New York Tokyo 1986

Dipl.-Ing. Matthias Weiergräber
Institut für Umformtechnik
Universität Stuttgart

Dr.-Ing. Kurt Lange
o. Professor an der Universität Stuttgart
Institut für Umformtechnik

D 93

ISBN 978-3-540-16560-6 ISBN 978-3-642-52260-4 (eBook)
DOI 10.1007/978-3-642-52260-4

Gesamtherstellung: Copydruck GmbH, Offsetdruckerei, Industriestraße 1-3, 7258 Heimsheim
Telefon 0 70 33/38 25-26
2362/3020—543210

GELEITWORT DES HERAUSGEBERS

Die Umformtechnik zeichnet sich durch sehr gute Werkstoffauswertung und hohe Mengenleistung in der Serienfertigung gegenüber anderen Fertigungsverfahren aus, wobei Beibehaltung der Masse, Änderung der Festigkeitseigenschaften während eines Vorgangs und elastische Rückfederung der Werkstücke nach einem Vorgang wesentliche Merkmale sind. Weiter sind die benötigten Kräfte, Arbeiten und Leistungen sehr viel größer als z.B. bei spanenden Verfahren. Die sichere Beherrschung eines Verfahrens in der industriellen Fertigung und die zunehmende Forderung nach Vermeidung bzw. Minimierung spanender Nacharbeit erzwingen die geschlossene Betrachtung des Systems "Umformende Fertigung" unter zentraler Berücksichtigung plastizitätstheoretischer, werkstoffkundlicher und tribologischer Grundlagen.

Das Institut für Umformtechnik der Universität Stuttgart stellt entsprechend Forschung und Entwicklung zum einen auf die Erarbeitung von Grundlagenwissen in diesen Bereichen ab, zum anderen untersucht und entwickelt es Verfahren unter Anwendung spezieller Meßtechniken mit dem Ziel einer genauen quantitativen Ermittlung des Einflusses der Parameter von Vorgang, Werkstoff, Werkzeug und Maschine. Die Behandlung von Problemen des Maschinenverhaltens, der Maschinenkonstruktion sowie der Werkzeugauslegung und -beanspruchung, der Auswahl hochbeanspruchbarer, verschleißfester Werkzeugbaustoffe und schließlich der Tribologie gehört entsprechend ebenfalls zum Arbeitsgebiet, das durch die Erfassung organisatorischer und betriebswirtschaftlicher Fragen abgerundet wird.

Im Rahmen der "Berichte aus dem Institut für Umformtechnik" erscheinen in zwangloser Folge jährlich mehrere Bände, in denen über einzelne Themen ausführlich berichtet wird. Dabei handelt es sich vornehmlich um Abschlußberichte von Forschungsvorhaben, Dissertationen, aber gelegentlich auch um andere Texte. Diese Berichte sollen den in der Praxis stehenden Ingenieuren und Wissenschaftlern zur Weiterbildung dienen und eine Hilfe bei der Lösung umformtechnischer Aufgaben sein. Für die Studierenden bieten sie die Möglichkeit zur Vertiefung der Kenntnisse. Die seit zwei Jahrzehnten bewährte freundschaftliche Zusammenarbeit mit dem Springer-Verlag sehe ich als beste Voraussetzung für das Gelingen dieses Vorhabens an.

Kurt Lange

V o r w o r t

Die vorliegende Arbeit entstand während meiner Tätigkeit als wissenschaftlicher Mitarbeiter am Institut für Umformtechnik der Universität Stuttgart.

Herrn Prof. Dr.-Ing. K. Lange danke ich für sein Vertrauen und die großzügige Unterstützung bei der Durchführung dieser Arbeit.
Herrn Prof. Dr. rer. nat. G.K. Wolf danke ich für sein Interesse an der Arbeit und für die eingehende Durchsicht.

Weiterhin möchte ich Herrn Dr.-Ing. habil. K. Pöhlandt für die Betreuung und Durchsicht der Arbeit sowie für die kritische Diskussion der Ergebnisse danken. Ebenso gilt mein Dank allen Mitarbeiterinnen und Mitarbeitern des Instituts für Umformtechnik, die zum Gelingen der Arbeit beigetragen haben.

Die Untersuchung wurde vom Bundesministerium für Forschung und Technologie (BMFT) finanziell gefördert. Hierfür sei an dieser Stelle ebenfalls gedankt.

Lauf a. d. Pegnitz, Januar 1986

Matthias Weiergräber

Inhaltsverzeichnis

Abkürzungsverzeichnis

Verwendete Größen, Formelzeichen und Einheiten

A_{10}	%	Bruchdehnung
A_g	%	Gleichmaßdehnung
C	-	Konstante
d	mm	Durchmesser
D	µm	Rißtiefe
E	N/mm²	Elastizitätsmodul
F	KN	Kraft
h	mm	Abstand vom Napfboden
k_f	N/mm²	Fließspannung
n	-	Verfestigungsexponent
p	N/mm²	Druck
R_a	µm	arithmetischer Mittenrauhwert
R_m	N/mm²	Zugfestigkeit
R_p	µm	Glättungstiefe
R_{pm}	µm	gemittelte Glättungstiefe
$R_{p0,2}$	N/mm²	Streckgrenze
R_t	µm	Rauhtiefe
R_z	µm	gemittelte Rauhtiefe
r	mm	Radius
r	-	Kenngröße für senkr. Anisotropie
$\overline{r}$	-	mittlerer Wert der Anisotropie
Δr	-	ebene Anisotropie
s	mm	Blechdicke
t	min	Prüfzeit
t_s	min	Standzeit

u_z	mm	Ziehspalt
v	mm/s	Geschwindigkeit
β	-	Ziehverhältnis
ϑ	°C	Temperatur
ρ	mm^{-1}	Krümmungsradius
μ	-	Reibungszahl
σ	N/mm^2	Spannung
φ	-	Umformgrad
φ_v	-	Vergleichsumformgrad

Indizes

a	Außen..., Axial...
A	Anriß...
b	Biege..., Breitenrichtung
E	Eigenspannung
g	Gleichmaß
i	Innen...
l	Längs..., Längsrichtung
m	Mittelwert
max	Maximal
N	Niederhalter
r	Radial...
R	Radius
Rg	geschlossener Ring
Ro	geschlitzter Ring
s	Dickenrichtung
St	Stempel...

t	Tangential...
W	Werkzeug...
Z	Zieh..., Ziehkanten..., Zug...
Zu	Streifen
Za	Zarge
0	Anfangs...
1	End...
0, 45, 90	Winkel zur Walzrichtung

Abkürzungen

kfz	kubisch flächenzentriert
krz	kubisch raumzentriert
MG	Martensitgehalt
RT	Raumtemperatur
SpRK	Spannungsrißkorrosion
WR	Walzrichtung

1 Einleitung

Die nichtrostenden austenitischen Stähle werden in einer Vielzahl von Legierungstypen für die unterschiedlichsten Betriebsbeanspruchungen in der industriellen Praxis eingesetzt. Neben der Haushaltsgerätetechnik finden diese Werkstoffe insbesondere Anwendung in der chemischen Industrie.
Der Grundtyp X5 CrNi 18 9 ist durch gute mechanische und physikalische Eigenschaften, chemische Beständigkeit und eine ausreichende Korrosionsbeständigkeit gekennzeichnet.
Die Anwendung dieser Werkstoffe setzt aber die Kenntnis des Werkstoffverhaltens und der Auswirkung verschiedenster Fertigungsverfahren auf die Gebrauchseigenschaften der Werkstücke voraus. Zur Fertigung von Bauteilen werden bei entsprechend hoher Stückzahl die Verfahren der Umformtechnik wirtschaftlich eingesetzt, wobei in vielen Fällen dünnwandige Näpfe aus nichtrostenden austenitischen Stählen durch Tiefziehen hergestellt werden.

Mit der Umformung ist aber eine Eigenschaftsänderung des Werkstoffes verbunden, wodurch die Gebrauchsfähigkeit der Werkstücke eingeschränkt werden kann. Daraus resultiert die Forderung, über die fertigungstechnischen und betriebswirtschaftlichen Gesichtspunkte hinaus eine optimale Gebrauchsfähigkeit der Werkstücke anzustreben und diese in die gesamtwirtschaftliche Betrachtung der Fertigung eines Bauteils einzubeziehen.

Die in Betracht kommenden Eigenschaftsänderungen sind in Bild 1 dargestellt. Sie müssen für die Beeinflussung der Gebrauchsfähigkeit nicht alle zugleich wirksam werden, können jedoch bei korrosiver Beanspruchung von entscheidender Bedeutung für die Lebensdauer des Bauteils sein.

Die Verwendungsmöglichkeit der nichtrostenden austenitischen Stähle in der Praxis wird vor allem durch die zwei Korrosionsarten Spannungsrißkorrosion (SpRK) und Lochkorrosion eingeschränkt [1]. Beide Korrosionsarten sind in die Gruppe der Lokalkorrosion einzuordnen, wobei die Erscheinungsform der Korrosion im wesentlichen durch das Beanspruchungskollektiv bestimmt wird. Im Gegensatz zur Flächenkorrosion erzeugt die Lokalkorrosion durch lokal auftretende Korrosionsvorgänge Angriffstellen mit kräftigem Tiefenwachstum, die bei mechanisch belasteten Bauteilen eine ausgesprochene Kerbwirkung zur Folge haben [2]. Daher ist diese Korrosionsart als be-

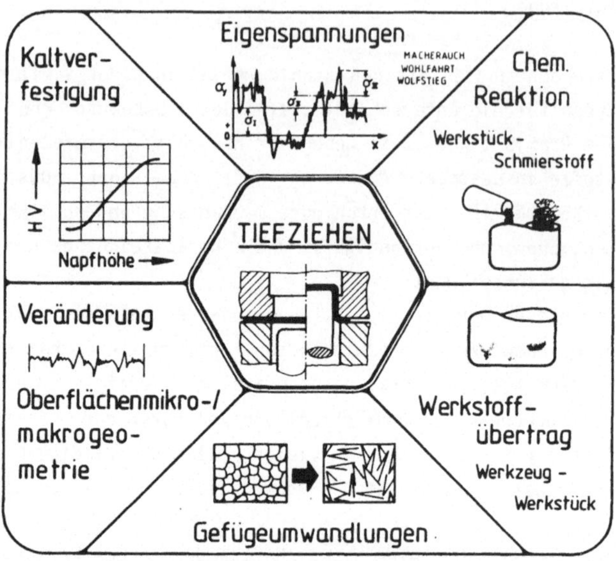

Bild 1: Einfluß der Umformung auf die Werkstückeigenschaften.

sonders gefährlich anzusehen, so daß die Schadensart für die industrielle Praxis nicht nur unter dem Gesichtspunkt der Wirtschaftlichkeit, sondern auch dem der Sicherheit zu betrachten ist. Die Kenntnis der komplexen Zusammenhänge und der Einflußgrößen auf die Korrosionsbeständigkeit der Werkstücke ist somit Voraussetzung für eine zuverlässige Schadensverhütung bei korrosiver Beanspruchung.

2 Stand der Erkenntnisse

2.1 Korrosion der nichtrostenden austenitischen Stähle

Voraussetzung für das Auftreten von SpRK an nichtrostenden austenitischen Stählen ist der Angriff eines spezifischen Mediums (z. B. wäßrige chloridhaltige Medien) in Verbindung mit einer ausreichend hohen Zugspannung. Charakteristisch ist eine makroskopisch verformungsarme bis verformungsfreie Rißbildung senkrecht zur Wirkungsrichtung der Zugspannung [3, 4, 5].

Über den Schädigungsmechanismus existieren mehrere Modellvorstellungen. Manche Autoren stellen den elektrochemisch-mechanischen Angriff, andere nur den elektrochemischen in den Vordergrund.
Beim Modell der anodischen Metallauflösung [6, 7] wird von einer anodischen Auflösung der elektrochemisch unedleren Gefügebestandteile ausgegangen, wobei an diesen Angriffsstellen die Rißeinleitung erfolgt. Die Zugspannung führt am Rißgrund zu einer Zone plastischer Verformung, in der Metallatome leichter in Lösung gehen, und die Deckschichtbildung erschwert wird.
Bei der Adsorptions-Sprödbruchhypothese [6, 8, 9] wird vorausgesetzt, daß das Angriffsmedium einen freien Zugang zur Rißspitze hat und dort die Bindungsenergie der Metallatome herabsetzt. Das Aufbringen einer Zugbelastung kann dann zur Rißeinleitung und zu einem weiteren Rißfortschritt führen.
Als derzeit gängige Theorie kann das "Slip-line-dissolution-Modell (SLD-Modell) angesehen werden [10]. Dieses Modell der lokalen aktiven Metallauflösung [11, 12] an einer durch plastische Verformung gebildeten Gleitstufe ist in Bild 2 schematisch dargestellt.
Bei einer plastischen Verformung werden an der Oberfläche bzw. Rißspitze Gleitstufen erzeugt, deren Dicke die Höhe der Passivschicht wesentlich übersteigt (Grobgleitung). Die austretenden Gleitstufen sind zunächst passivschichtfrei. Hierdurch kommt es dort zu einer schnellen lokalen Metallauflösung mit Rißeinleitung. Der Auflösung an der Rißspitze wirkt die nachfolgende Passivierung der Rißwände entgegen, bis die Lücke geschlossen ist. Durch neue Grobgleitung setzt der Vorgang wiederholt ein. Grobe Gleitung wird durch inhomogene Verformung gefördert. Neuere Erkenntnisse über Passivierungszeiten und Auflösungsraten und andere Widersprüche zwischen Folgerungen aus dem SLD-Modell und Beobachtungen stellen dieses jedoch

zunehmend in Frage [10].

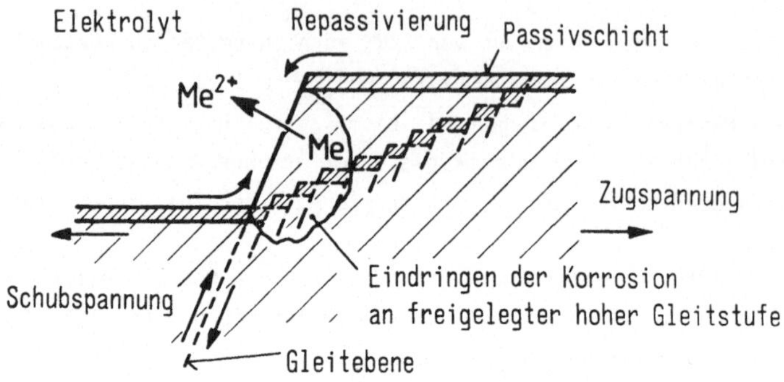

Bild 2: Modell der lokalen aktiven Metallauflösung [12].

Aus inhomogener Verformung resultiert auch eine Spannungskonzentration durch Versetzungsstaus und Konzentrationen an elastischer Energie jeweils in Mikrobereichen des Gefüges. Die Rißeinleitung erfolgt durch Auslösung von Korrosionstunneln, wobei Tunnel- und Rißspitze aktiv bleiben. Die durch Auflösung neugeschaffenen Tunnel- und Rißwände passivieren schnell, so daß sowohl in der Tunnelspitze als auch in der Rißspitze selektive Auflösung vorliegt [10].
Die Schädigung durch Tunnelbildung wird offensichtlich durch das angreifende Medium bestimmt. In neutralen Lösungen gewinnt die Theorie der Tunnelbildung erhöhte Bedeutung. In sauren Angriffsmedien, so etwa in siedender $MgCl_2$-Lösung, konnten dagegen bisher keine Korrosionstunnel festgestellt werden [3, 13].

Trotz der zum Teil gegensätzlichen Aussagen über die Mechanismen der SpRK kann als gesichert angesehen werden, daß die Schädigung in drei Phasen abläuft. In der Inkubationsphase gelingt es der Werkstückoberfläche, die Passivschicht ständig zu erneuern, bis diese durch Cl^--Durchschlag zerstört wird. Dann beginnt die Phase der Mikrorißbildung. Es folgt die Reißphase mit Wachsen und Öffnen der Risse [8, 14, 15, 16, 17].

Die Lochfraßkorrosion als zweite wichtige Schädigungsart bei nichtrostenden austenitischen Stählen ist an die Anwesenheit einer Deckschicht gebunden, die eine örtliche Differenzierung des elektrochemischen Verhaltens der Metalloberfläche ermöglicht [1]. Die Löcher treten unter der Einwirkung von Chloridionen an Fehlstellen auf, wobei diese als Anode und die Passivschicht als Kathode wirksam werden (Bild 3). Die Stabilität der Löcher wird durch Konzentrationsänderungen im Lochelektrolyten bewirkt.

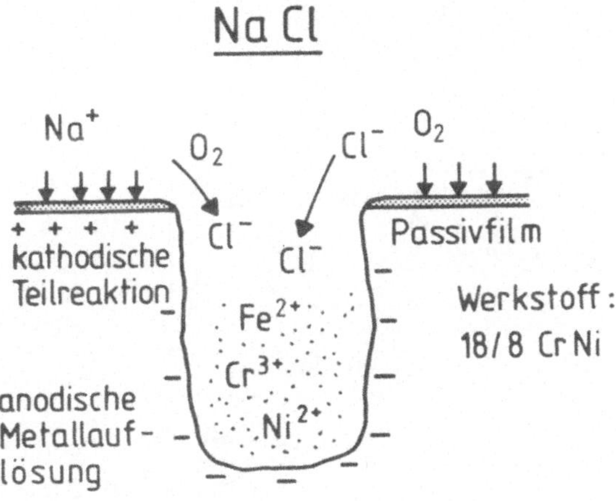

Bild 3: Mechanismus der Lochkorrosion bei einem nichtrostenden austenitischen Chrom-Nickel-Stahl [19].

Die gelösten Metallionen werden hydrolisiert und die entstehenden Protonen bewirken eine starke Ansäuerung im Loch. Der große Überschuß an positiver Ladung im Loch wird durch die Einwanderung von negativen Ionen ausgeglichen. Die erhöhte Chloridkonzentration verhindert in Verbindung mit der ohnehin langsamen Nachdiffusion von Sauerstoff eine Repassivierung [18].

Es können tiefe Löcher entstehen, die auf der Oberfläche regellos verteilt sind. Die Lochfraßstellen befinden sich in ungleichen Stadien, die von der punktförmigen Entstehung bis hin zu Lochdurchmessern von 1 mm und mehr reichen können [19].

2.2 Tiefziehen, Werkstückeigenschaften und Korrosionsbeständigkeit

Tiefziehen

Tiefziehen im Erstzug wird definitionsgemäß (DIN 8584) als Zugdruckumformen eines ebenen Blechzuschnittes (Platine) zu einem Hohlkörper ohne gewollte Blechdickenänderung verstanden, vgl. Bild 4 [20].

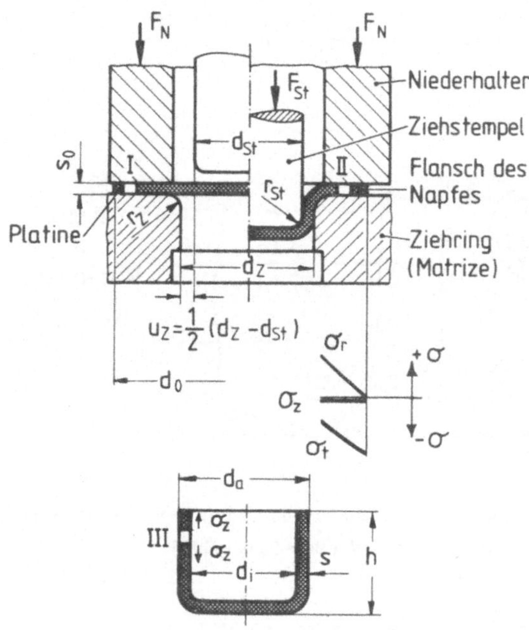

Bild 4: Tiefziehen im Erstzug.

Hierbei ist die Umformung nichtrostender austenitischer Stähle als unproblematisch anzusehen. Im Vergleich zu niedriglegierten Stählen und NE-Metallen sollten bei höheren Niederhalterdrücken nicht zu hohe Ziehgeschwindigkeiten gewählt und ein Aufsetzen des Ziehstempels mit hoher Geschwindigkeit vermieden werden. Ein gelegentliches Problem ist die auftretende Kaltverschweißung, die jedoch durch Änderung der tribologischen Bedingungen beeinflußt werden kann [21, 22].

Werkstückeigenschaften

Ein Hauptmerkmal der Kaltumformung nichtrostender austenitischer Stähle ist die Eigenschaftsänderung des Werkstoffes. In Abhängigkeit von den Legierungsbestandteilen und der dadurch beeinflußten Austenitstabilität erfolgt während des Umformvorganges ein teilweises Umklappen des austenitischen Gefügezustandes in den martensitischen [23, 24, 25, 26, 27]. Durch maschinen- und werkzeugseitige Fertigungsparameter kann dieser Vorgang beeinflußt werden. Die sich daraus ergebenden Zusammenhänge lassen sich auf die Grundeinflußgrößen Temperatur, Spannungszustand, Umformgrad und chemische Zusammensetzung zurückführen. Eine erhöhte Bedeutung hat dabei die bei der Fertigung auftretende Temperatur, welche durch Fertigungsparameter entscheidend beeinflußt werden kann [28]. Zeller [26] untersuchte in diesem Zusammenhang an nichtrostenden austenitischen Näpfen mit einer Wanddicke von s_0 = 3 mm den Einfluß von maschinen- und werkzeugseitigen Fertigungsparametern auf die Martensitbildung.
Inhomogene plastische Verformungen in Tiefziehteilen sind die Ursache für induzierte Eigenspannungen, die durch Anisotropie, Gefügeänderungen und auftretende Temperaturgradienten während des Umformvorganges begünstigt werden [29]. Zur Ermittlung der Eigenspannungen wurde in einigen Arbeiten [30, 31, 32] die Zerlegmethode angewandt.

Die in den genannten Arbeiten vorgenommenen umfangreichen Werkstoffuntersuchungen dienten zur Verbesserung des Umformverhaltens und zur Optimierung des Fertigungsvorganges, wobei aber das korrosive Verhalten bisher kaum berücksichtigt wurde.

Korrosionsbeständigkeit

Der Einfluß der Kaltumformung auf das korrosive Verhalten wurde bisher fast nur an Zugproben und gewalzten Blechen untersucht. Das Korrosionsverhalten ist aber aufgrund der Wechselwirkung einzelner Einflußgrößen nicht nur mit der Kaltverfestigung zu deuten. Insbesondere ist die Kaltumformung von nicht austenitstabilen Werkstoffen mit der Martensitbildung verbunden, die ihrerseits die Korrosionsbeständigkeit beeinflussen kann.

Austenitische Stähle, die bei einer Umformung wenig Martensit bilden, ertragen nach [33] mit zunehmendem Umformgrad immer geringere Zugspannungen (bezogen auf die gleiche Standzeit im Korrosionstest). Der Werkstoff zeigt eine steigende Rißempfindlichkeit, obwohl die Streckgrenze durch Verfestigungsvorgänge angehoben wurde.

Wiegand und Mitarbeiter [34] erörterten die Möglichkeit der Standzeiterhöhung bei SpRK austenitischer Chrom-Nickelstähle durch eine Kaltverfestigung. In Übereinstimmung mit Spähn und Steinhoff [7] kann eine Kaltumformung dann zu einer Verbesserung der Standzeit führen, wenn hohe Druckeigenspannungen erzeugt werden, welche eine kritische Grenzspannung nicht überschreiten. Ferner wird angenommen, daß das Umklappen des Austenitgitters in eine quasimartensitische Phase die chemische Beständigkeit im aktiven Bereich herabgesetzt und das Austenitgitter kathodisch schützt. Nach dem Umklappen der stark verspannten Austenitgitter in Martensit kann bei höheren Umformgraden eine Standzeiterhöhung festgestellt werden.
Untersuchungen an gereckten Drahtproben [35] bestätigten, daß mit zunehmendem Umformgrad eine verbesserte Korrosionsbeständigkeit zu erwarten ist. Darüber hinaus wurde festgestellt, daß mit steigendem Umformgrad eine abnehmende Rißtiefe vorlag. Dies wird auf eine erhöhte Anzahl von Rissen und eine zunehmende Rißverzweigung in Gegenwart von Martensit zurückgeführt, so daß ein größerer Umformgrad eine höhere Standzeit zur Folge hat.

Demgegenüber stellte Süry [36] an verformten Blechproben mit zunehmendem Umformgrad eine größere Rißempfindlichkeit fest.

Nach [9] wird durch die Kaltumformung von Werkstoffen mit Neigung zur interkristallinen Rißbildung die Standzeit vermindert, bei transkristalliner Rißbildung jedoch verbessert. Außerdem sind die Wechselwirkungen zwischen den Potentialunterschieden mit der Gefügeumwandlung und den induzierten Eigenspannungen zu beachten.
Eine Abnahme der Standzeit mit steigendem Umformgrad wurde in [37] festgestellt. Ferner wurde ein Schwellenwert für den Umformgrad gefunden, unter welchem keine Korrosionsrisse auftreten.
Bei nicht austenitstabilen Werkstoffen ist mit zunehmendem Umformgrad eine höhere Martensitbildung verbunden, so daß bei diesen Werkstoffen die Einflüsse der Kaltverfestigung und des Martensits nicht zu trennen sind.

In [34, 36, 38, 39] wird dem Martensit eine korrosionshemmende Wirkung zugeschrieben. Die differenzierte Betrachtung in [40] geht jedoch nur bei sehr kleinen Martensitgehalten von einer Verbesserung der Standzeit aus. Bei höheren Martensitgehalten wird eine größere Empfindlichkeit gegenüber SpRK festgestellt, die zu einer Verminderung der Standzeit führt. Dabei wird davon ausgegangen, daß Martensit bei höheren Anteilen selektiv korrosionsanfälliger wird, so daß erst bei großen Umformgraden eine negative Beeinflussung zu erwarten ist. In [36] wird dagegen eine Verbesserung der Beständigkeit beim Walzen erst ab einem Umformgrad von 30 % festgestellt.

Eine Voraussetzung für das Auslösen von SpRK ist eine ausreichend hohe Zugspannung. Der Einfluß einer aufgebrachten Zugspannung wurde verschiedentlich an Zugproben untersucht. Durch höhere aufgebrachte Spannungen wird die Standzeit vermindert [9, 15, 34].

Der Oberflächenzustand ist abhängig vom jeweiligen Fertigungsverfahren und kann die Korrosionsbeständigkeit gegen SpRK beeinflussen. Das veränderte SpRK-Verhalten kann nach [42] auf eine Änderung der drei Grundvoraussetzungen für SpRK zurückgeführt werden. Oberflächenbehandlungsmethoden, die mit einer Kaltumformung verbunden sind, erhöhen die Beständigkeit gegen SpRK. Die Einflüsse der Oberfläche wurden eingehend in [43] durch Schleifbehandlung mit anschließendem Beizen untersucht. Durch das Beizen werden die Zugeigenspannungen vermindert. Als wirkungsvollere Oberflächenbehandlung wird jedoch auch das Sandstrahlen empfohlen. Ein Einfluß der Korngröße wird in [15] völlig ausgeschlossen; aus [44] geht jedoch hervor, daß mit zunehmender Korngröße die Standzeit abnimmt.

Erhebliche Auswirkungen auf das SpRK-Verhalten zeigen die Legierungsbestandteile des Werkstoffes, wobei vor allem Nickel und Chrom von Bedeutung sind. Hohe Nickelgehalte steigern im allgemeinen die Korrosionsbeständigkeit. Bei einem Nickelgehalt von 45 % und mehr kann von einer vollständigen Immunität gegen SpRK ausgegangen werden. Uhlig [19] sieht darin den Beweis, daß weniger die Umgebungseinflüsse als vielmehr die metallseitigen Faktoren, wie ungünstige Versetzungsebenen oder Verringerung der Löslichkeit für eingeschlossenen Stickstoff den Ausschlag geben. Ebenso wird bei Nickelgehalten unter 6 % wieder eine Verbesserung der Korrosionsbeständigkeit deutlich. Der Einfluß von Chrom und anderer Legierungsbestandteile nichtrostender austenitischer Stähle wurde in [45] behandelt.
Erste Untersuchungen der "SpRK" an tiefgezogenen Näpfen wurden in [32] vorgenommen. Die Näpfe wurden bei unterschiedlichen Ziehspalten und jeweils verändertem Niederhalterdruck mit zwei verschiedenen Schmierstoffen gefertigt und bei unterschiedlichen Bedingungen ausgelagert. Hierbei zeigt sich eine Abhängigkeit von den Fertigungsbedingungen und den Eigenspannun-

gen der Näpfe, wobei chloriertes Paraffin als Schmierstoff zur frühzeitigen Rißbildung beiträgt. Die geringste Rißbeständigkeit wurde an in HCL-Lösung eingetauchten Näpfen festgestellt. Die Rißbildung setzt im oberen Zargenrand ein und wird durch die Höhe der Eigenspannungen beeinflußt. Eine eindeutige Klärung, ob es sich um Spannungsrißkorrosion oder um Spannungsrisse handelt, ist jedoch anhand der Arbeit nicht möglich.

Auf der Grundlage einer umfangreichen Schrifttumsauswertung wurde in [46] der Stand des Wissens über die Lochkorrosion an passiven Legierungssystemen der Elemente Eisen, Chrom und Nickel dargestellt und eine kritische Betrachtung der Einflußgrößen auf die Lochkorrosion vorgenommen. Hierbei werden angriffsmittelseitige und werkstoffseitige Parameter untersucht und Maßnahmen zur Unterdrückung der Lochkorrosion abgeleitet. Hervorzuheben ist der Einfluß der Kaltverfestigung, die aufgrund der veränderten Versetzungsdichte und Substruktur eine deutliche Erhöhung der Lochkorrosionsanfälligkeit bewirken kann. In [36] wurde der Einfluß der Kaltverfestigung an gewalzten Blechen untersucht und mit zunehmendem Umformgrad eine höhere Lochzahldichte festgestellt. In Verbindung mit einer Kaltumformung ergibt sich aus [40], daß eine bevorzugte Schädigung des martensitischen Gefüges durch Lochkorrosion erfolgt.
Zum Einfluß der Ionenkonzentration auf die korrosive Schädigung existiert eine Vielzahl von Untersuchungen. Nach [19] ist die höchste Korrosionsgeschwindigkeit des Eisens in einer 3%igen NaCl-Lösung gegeben.

Zur Untersuchung der genannten Probleme werden zum Teil Salzsprühkammern zur Korrosionsprüfung eingesetzt. In [47] wurde eine beschleunigte Bewitterung eines kohlenstoffarmen Stahles sowohl in der Salzsprühkammer als auch bei freier Meeresatmosphäre durchgeführt, wobei sich gleiche Korrosionswerte ergaben. Nach [48, 49] ist ein Vergleich nicht unbedingt möglich. In [50, 51] wurde bei Zinklegierungen keine Übereinstimmung der Ergebnisse erzielt.

Über die Einflußgrößen und Mechanismen der Korrosion nichtrostender austenitischer Stähle liegen zahlreiche Untersuchungen vor. Systematische Korrosionsprüfungen an komplexeren Werkstücken wie tiefgezogenen Näpfen wurden jedoch bisher nicht vorgenommen, so daß Erkenntnisse über den Einfluß veränderter Werkstückeigenschaften auf die Korrosionsbeständigkeit fehlen.

3 Aufgabenstellung

Durch eine Nachbehandlung umgeformter Werkstücke kann die Korrosionsbeständigkeit verbessert und insbesondere durch Abbau von Zugeigenspannungen eine hohe Sicherheit gegen SpRK gewährleistet werden. Diese Nachbehandlung als zusätzlicher Arbeitsvorgang erhöht aber die Herstellungskosten. Daher sollte bereits durch eine kontrollierte Umformung eine Beeinflussung der Korrosionsbeständigkeit angestrebt werden. Die Korrosionsbeständigkeit ist nicht nur von der Legierungszusammensetzung abhängig, sondern auch von den Bedingungen beim Bearbeitungsvorgang. Daher kann die Kenntnis geeigneter Fertigungsparameter im Hinblick auf korrosive Beanspruchung für den wirtschaftlichen Einsatz der Werkstücke von Bedeutung sein.
Für die Untersuchungen wurden ausschließlich die nichtrostenden austenitischen Stähle X5 CrNi 18 9 und X2 CrNi 18 9 verwendet. Die Stähle des Typs X5 CrNi 18 9 dürfen nach DIN 17440 unterschiedlich hohe Legierungsanteile aufweisen, wobei der Nickelgehalt zwischen 8,5 und 10 Vol. % schwanken kann. Da Nickel den Austenit stabilisiert, wird durch solche Unterschiede im Nickelgehalt die Bildung von Umformmartensit erheblich beeinflußt. Deshalb wurden zwei Chargen des Werkstoffes X5 CrNi 18 9 mit unterschiedlichem Nickelgehalt untersucht.

Bei der Untersuchung sind die werkstoffseitigen, geometrischen, thermischen und tribologischen Fertigungsbedingungen zu variieren. Dabei sind zur Deutung der Ergebnisse eingehende Untersuchungen über den Martensitgehalt und die Eigenspannungen vorzunehmen, sowie die weiteren wichtigen Eigenschaftsänderungen als Auswirkung auf das korrosive Verhalten der Werkstücke zu analysieren.
Über eine systematische Erfassung der Ursachen und Erkenntnisse ist der Einfluß der Fertigungsparameter beim Tiefziehen mit Niederhalter auf die Korrosionsbeständigkeit der nichtrostenden austenitischen Stähle zu beurteilen, mit der Maßgabe, die beherrschbaren Fertigungsparameter im Hinblick auf die Korrosionsbeständigkeit zu optimieren.

4 Werkstoffe

4.1 Werkstückwerkstoffe

Das wichtigste Auswahlkriterium für die Versuchswerkstoffe des Typs X5 CrNi 18 9 war die Austenitstabilität. Deshalb wurden zwei Chargen des Werkstoffes X 5 CrNi 18 9 mit verschiedenen Nickelgehalten in den Grenzen nach DIN 17440 ausgewählt. Außerdem wurde der Einfluß größerer Unterschiede im Nickelgehalt bei sonst gleichen Legierungsbestandteilen untersucht, indem zusätzlich der Werkstoff X2 CrNi 18 9 hinsichtlich seiner Korrosionsbeständigkeit geprüft wurde.

Die Versuchswerkstoffe wurden kalt gewalzt, geglüht, gebeizt und leicht nachgewalzt (Verfahren III c) mit einer Blechdicke von s_0 = 1 mm angeliefert.
Im folgenden werden die Werkstoffe mit A, B und C bezeichnet (vgl. Tabelle 1).

Tabelle 1: Chemische Zusammensetzung und Austenitstabilität der Versuchswerkstoffe.

Legierungselement \ Werkstoff	(A) X 5 CrNi 18 9 1.4301	(B) X 5 CrNi 18 9 1.4301	(C) X 2 CrNi 18 9 1.4306
	Gehalte in Gewichts-%		
C	0,024	0,042	0,022
Si	0,5	0,45	0,37
Mn	1,45	1,43	1,52
P	0,024	0,023	0,029
S	0,003	0,003	0,003
Cr	17,14	17,70	18,27
Mo	0,25	0,28	0,35
Ni	8,71	9,25	10,33
Ti	0,02	0,01	0,01
Nb	0,01	0,01	0,01
Cu	0,08	0,09	0,2
N	0,033	0,033	0,057
Austenitstabilität			
M_s - Temp. °C	- 102,95	- 187,32	- 305,53
M_{d30}-Temp. °C	48,13	27,08	5,88

Die chemische Zusammensetzung und die M_s- und M_{d30}-Temperatur sind aus Tabelle 1 zu entnehmen.
Neben dem höheren Nickelgehalt liegt beim Werkstoff B im Vergleich zum Werkstoff A ein höherer Kohlenstoffgehalt vor, der bei der Beurteilung der Martensitbildung beachtet werden muß. Bei den anderen Legierungsbestandteilen sind die Abweichungen sehr gering. Lediglich beim Werkstoff C ist ein etwas höherer Chromgehalt festzustellen, der den Nickeleinfluß zum Teil überdecken kann.
Die M_s- und die M_{d30}-Temperatur werden aus den Analysewerten wie folgt berechnet:

$$M_s\ (°C) = 1305-1665(\%C+\%N_2)-28\%Si-33\%Mn-42\%Cr-61\%Ni$$

$$M_{d30}(°C) = 413-462(\%C+\%N_2)-9{,}2\%Si-8{,}1\%Mn-13{,}7\%Cr-9{,}5\%Ni-18{,}5\%Mo$$

Sobald die M_s-Temperatur [52] erreicht wird, setzt die Martensitbildung des Abschreckvorganges ein. Je niedriger diese Temperatur ist, um so höher ist die Austenitstabilität.
Die M_{d30}-Temperatur [53] ist diejenige Temperatur, bei welcher sich durch 30 prozentige Deformation 50 % Martensitanteile bilden.

4.1.1 Gefügeeigenschaften

Die Ausbildung des Gefüges ist aus den Flachschliffen in Bild 5 zu ersehen. Für die Werkstoffe A und B liegt eine einwandfreie Rekristallisation vor. Neben einem überwiegenden Anteil von Austenit zeigt sich beim Werkstoff A vor allem Martensit, der bei der Schliffpräparation entstanden sein dürfte. Die Karbide sind eingeformt. Eine bevorzugte Besetzung der Korngrenzen ist nicht festzustellen.
Für den Werkstoff C liegt ein austenitisches Gefüge mit zum Teil feinen Ausscheidungen auf den Korngrenzen vor.
Ein weiterer Unterschied für die drei Versuchswerkstoffe ergibt sich durch die Korngröße. Bei der Umformung des Werkstoffes werden die Körner stark deformiert, so daß in bezug auf die Korrosionsbeständigkeit der Werkstücke die Ausgangskorngröße bei den vorliegenden Unterschieden nicht von Bedeutung ist. Außerdem ist der Einfluß der Korngröße auf die SpRK umstritten [15, 44].

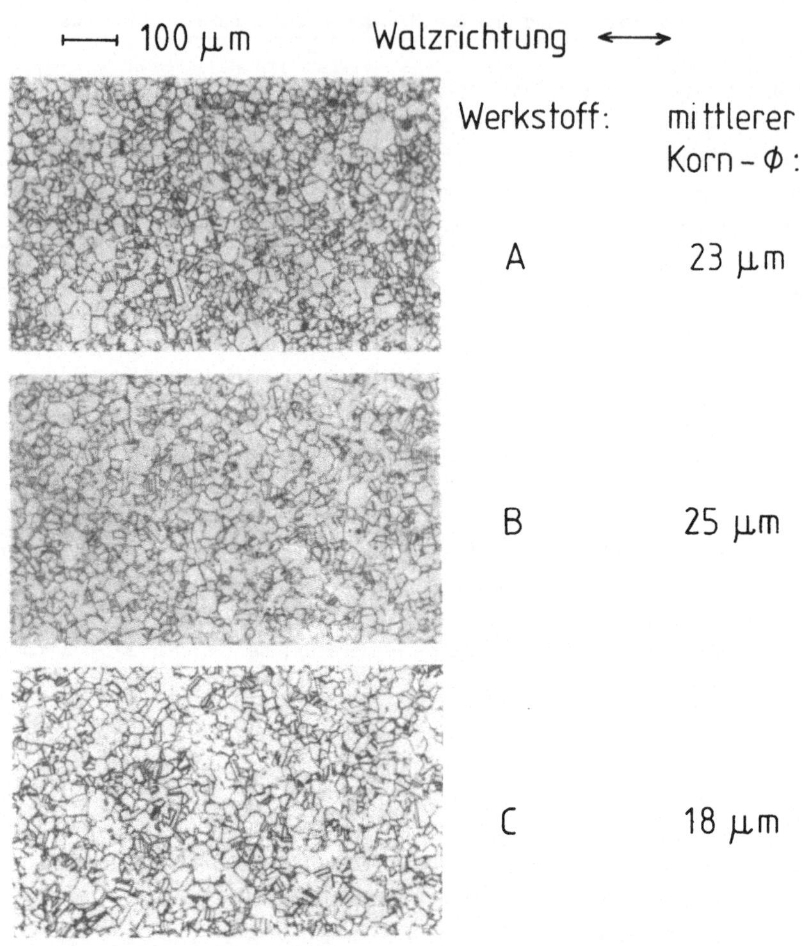

Bild 5: Gefüge der Versuchswerkstoffe im Anlieferungszustand.

Alle Werkstoffe wurden im Strauß-Test auf Anfälligkeit für interkristalline Korrosion geprüft. Dabei konnte kein Angriff festgestellt werden.

4.1.2 Mechanische Kennwerte

Die mechanischen Eigenschaften wurden im Zugversuch an Flachzugproben nach DIN 50114 ermittelt. Aus mehreren Blechen der Lieferung wurden unter 0°, 45° und 90° zur Walzrichtung Proben entnommen, um so Aussagen über die Homogenität der mechanischen Eigenschaften in Breiten- und Längsrichtung vorzunehmen.
In Tabelle 2 sind die wichtigsten Ergebnisse als arithmetische Mittelwerte aus drei Meßwerten für 0°, 45° und 90° zur Walzrichtung zusammengefaßt.

Für die Zugfestigkeit beim Werkstoff A liegt eine deutliche Richtungsabhängigkeit vor. Dagegen weisen die Werkstoffe B und C nur geringe Unterschiede der Zugfestigkeit in Abhängigkeit vom Winkel zur Walzrichtung auf. Ebenso sind für die Streckgrenze aller Werkstoffe nur geringe Unterschiede zu erkennen. Die Bruch- und Gleichmaßdehnungen zeigen dagegen für alle Werkstoffe von 0° über 45° zu 90° zunehmende Werte.
Aus den ermittelten Werten kann keine Richtungsabhängigkeit abgeleitet werden, die einen negativen Einfluß auf den Ziehvorgang und den nachfolgenden Korrosionsversuchen ausüben könnte.

4.1.3 Fließkurven

Die Fließkurven ermöglichen eine Beurteilung des Umformverhaltens und erlauben eine Aussage über die Verfestigungseigenschaften der Werkstoffe.
In Abhängigkeit von der Austenitstabilität eines Werkstoffes läßt sich aber kein konstanter Verfestigungsexponent n angeben, da diese Stähle nicht immer der für unlegierte und niedriglegierte Stähle geltenden Beziehung $k_f = C \cdot \varphi^n$ folgen [23, 26].
In Bild 6 sind die im Stufenzugversuch ermittelten Fließkurven der Versuchswerkstoffe dargestellt. Zwischen der 0°- und 90°-Richtung ist bei allen Versuchswerkstoffen nur eine sehr geringe Abweichung festzustellen. Die Fließkurven für die 45°-Richtung verlaufen unterhalb der 0°- und 90°-Kurven, wobei mit zunehmender Austenitstabilität eine deutliche Annäherung erfolgt.
Bei niedrigen Umformgraden liegen für die untersuchten Werkstoffe nahezu gleiche Fließspannungen vor. Mit zunehmendem Umformgrad setzt dann ein stärkerer Anstieg für die nichtaustenitstabilen Werkstoffe A und B ein.

Tabelle 2: Mechanische Kennwerte der Versuchswerkstoffe.

Werkstoff	Winkel zur Walzrichtung	Streckgrenze $R_{p0,2}$ N/mm²	Zugfestigkeit Rm N/mm²	Streckgrenzenverhältnis $R_{p0,2}/Rm$ %	Gleichmaßdehnung Ag %	Bruchdehnung A_{10} %	Elastizitätsmodul E N/mm²
A	0°	269	760	35,4	54,8	57,1	bei $\varphi_1 = 0{,}5$
	45°	267	720	37,1	57,6	60,1	196.000
	90°	286	741	38,6	57,6	60,4	
			$\overline{Rm} = 735$				
B	0°	272	689	39,5	62,2	66,2	bei $\varphi_1 = 0{,}5$
	45°	272	666	40,8	67	72,3	192.610
	90°	281	689	40,8	68,3	74,7	
			$\overline{Rm} = 678$				
C	0°	272	627	43,4	53,8	60,45	bei $\varphi_1 = 0{,}5$
	45°	267	613	43,6	58,6	67,2	189.200
	90°	263	616	42,7	59,7	67,3	
			$\overline{Rm} = 617$				

$$\overline{Rm} = \frac{1}{4}\left(R_{m0^\circ} + 2 \cdot R_{m45^\circ} + R_{m90^\circ}\right)$$

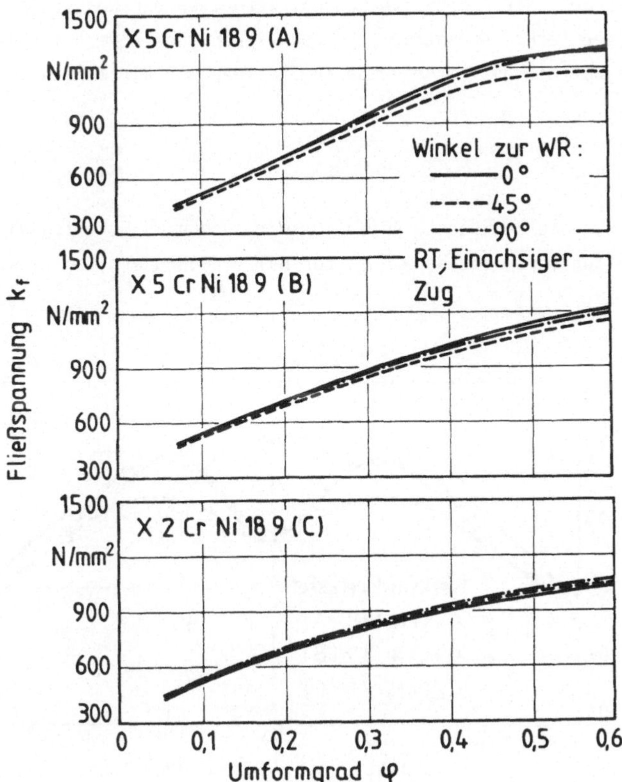

Bild 6: Fließkurven der Versuchswerkstoffe.

Diese steigende Verfestigung kann hauptsächlich auf den zunehmenden Martensitgehalt zurückgeführt werden. Die Fließkurvenverläufe des Werkstoffes A weisen bei φ = 0,2 einen Wendepunkt auf, der mit der Instabilität des austenitischen Gefüges zu erklären sein dürfte.

4.1.4 Anisotropiekennwerte

Durch den Walzvorgang entstehen ausgeprägte Texturen in den nichtrostenden austenitischen Blechen, die eine Richtungsabhängigkeit der Werkstoffeigenschaften verursachen. Dieses anisotrope Verhalten der Werkstoffe wird durch die senkrechte Anisotropie r beschrieben. Der r-Wert ist definiert als das Verhältnis der Umformgrade in Breiten- und Dickenrichtung.

$$r = \frac{\varphi_b}{\varphi_s}$$

Die Werte für die senkrechte Anisotropie r wurden an Flachzugproben im Zugversuch für verschiedene Winkel zur Walzrichtung ermittelt, s. Bild 7.

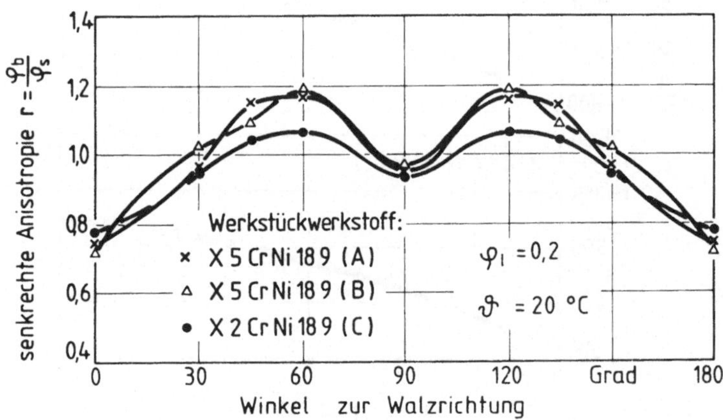

Bild 7: Senkrechte Anisotropie in Abhängigkeit vom Winkel zur Walzrichtung.

In den verschiedenen Lagen zur Walzrichtung unterscheiden sich die Extremwerte für die Werkstoffe A und B nicht. Dagegen sind für Werkstoff C niedrigere r-Werte bei 45° und 60° (135° und 120°) festzustellen. Die gemittelten maximalen r-Werte liegen für alle Versuchswerkstoffe bei 60° (120°), so daß in diesem Bereich an den tiefgezogenen Näpfen Zipfelberge zu erwarten sind. Eine Beurteilung des Tiefziehverhaltens über den mittleren r-Wert $\bar{r} = \frac{1}{4}(r_{0°} + 2 \cdot r_{45°} + r_{90°})$ und die ebene Anisotropie $\Delta r = \frac{1}{2}(r_{0°} + r_{90°} - 2r_{45°})$ ist bei den nichtrostenden austenitischen Stählen nur stark eingeschränkt möglich, da die Berechnung dieser Werte die Lage

der Extremwerte bei 0°, 45° und 90° zur Walzrichtung voraussetzt.
Bei Einzelmessungen wurde jedoch auch häufig der maximale r-Wert bei 45° zur Walzrichtung festgestellt. Daher werden die nachfolgenden Untersuchungen in 0°, 45° und 90° zur Walzrichtung vorgenommen.

4.1.5 Oberflächenbeschaffenheit

Die Rauheit der Bleche im Anlieferungszustand wurde mittels Tastschnittverfahren erfaßt. In Tabelle 3 sind die wichtigsten Werte für die Versuchswerkstoffe eingetragen.

Tabelle 3: Oberflächenbeschaffenheit (Rauheit) der Versuchswerkstoffe im Ausgangszustand.

Werkstoff	Rauhtiefe R_t µm	gemittelte Rauhtiefe R_{zDIN} µm	arithm. Mittenrauhwert R_a µm	mittlere Glättungstiefe R_{pm} µm
A	2,03	1,53	0,17	0,38
B	2,54	1,72	0,17	0,39
C	4,1	2,54	0,19	0,49

Die in 0° und 90° zur Walzrichtung aufgenommenen Werte zeigen keine wesentlichen Unterschiede. Daher wurden aus mehreren Messungen von verschiedenen Blechtafeln die Mittelwerte eingetragen.
Die Werte der beiden Werkstoffe A und B weichen nur geringfügig voneinander ab. Im Vergleich zu diesen Werkstoffen wurden für den Werkstoff C etwas höhere Rauheitswerte gemessen.
In Bild 8 sind REM-Aufnahmen der Oberflächen im Anlieferungszustand und für den Werkstoff A auch die Oberfläche nach dem Tiefziehen dargestellt.
Die Oberflächen der Bleche im Anlieferungszustand entsprechen den Anforderungen gewalzter Werkstoffe nach dem derzeitigen Stand der Technik.

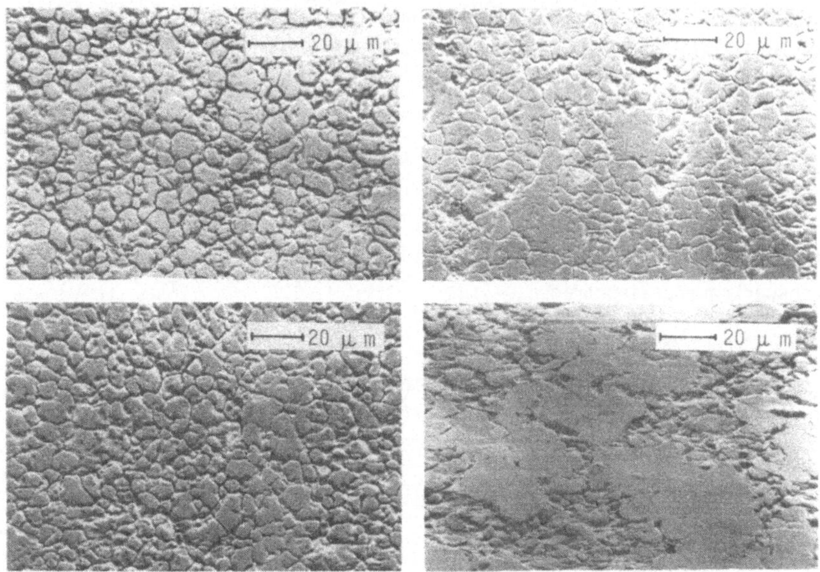

Bild 8: Rasterelektronenmikroskopische Aufnahmen der Oberfläche im Ausgangszustand und nach dem Tiefziehen.

Für den Werkstoff A ist der Oberfläche im Anlieferungszustand die Oberfläche nach dem Tiefziehen gegenübergestellt. Es wird deutlich, daß durch die gebundene Umformung bereichsweise eine Einglättung erfolgt und die Struktur der Oberfläche stark verändert wird.

4.2 Werkzeugwerkstoff

Die Auswahl der Werkstoffe für Tiefziehwerkzeuge in der Fertigung richtet sich nach dem Werkstückwerkstoff, der zu fertigenden Teilegröße und Stückzahl, ferner nach den Anforderungen an die Maßhaltigkeit, Oberflächenbeschaffenheit und nach tribologischen Bedingungen. Für die vorliegenden Untersuchungen wurden der Kaltarbeitsstahl 90 MnCr V 8 und die Mehrstoffaluminiumbronze Ampco 25 eingesetzt (Ziehringe und Niederhalter hochglanzpoliert, Ziehstempel geschliffen).

Werkzeuge aus Kaltarbeitsstahl neigen beim Tiefziehen von nichtrostenden Werkstoffen zu Kaltverschweißungen, was aber durch Schaffung guter tribologischer Bedingungen weitestgehend vermieden werden kann.
Zur vollständigen Vermeidung von Aufschweißungen mit der Zielsetzung einer gegenüber dem Kaltarbeitsstahl verbesserten Oberflächenbeschaffenheit und Maßhaltigkeit werden beim Tiefziehen nichtrostender Stähle auch Werkzeuge aus Mehrstoffaluminium-Bronze eingesetzt. Es handelt sich hierbei um eine Speziallegierung auf Cu-Al-Fe-Basis unter dem Handelsnamen Ampco 25.
Neben hohen Festigkeitswerten mit hoher Härte und niedrigerem Reibungswiderstand werden diesem Werkstoff bessere tribologische Eigenschaften zugeschrieben. Als Nachteil erweist sich jedoch die geringere Verschleißfestigkeit im Vergleich zum Kaltarbeitsstahl, dem daher bei hohen Stückzahlen und ziehtechnisch problemloser Fertigung der Vorzug zu geben ist.

5 Versuchsbedingungen und Versuchsdurchführung

5.1 Versuchseinrichtung zum Tiefziehen

Für die Fertigung rotationssymmetrischer Näpfe stand eine doppeltwirkende ölhydraulische Presse (SMG VZP 60-800/650) mit einer Nennkraft von 600 kN zur Verfügung. Die Ziehgeschwindigkeiten konnten zwischen 18 mm/s und 85 mm/s stufenlos eingestellt werden. Der Niederhalter wurde mittelbar durch den Maschinenstößel bewegt, wobei die Niederhalterkraft über das im Pressentisch eingebaute Ziehkissen aufgebracht wurde.

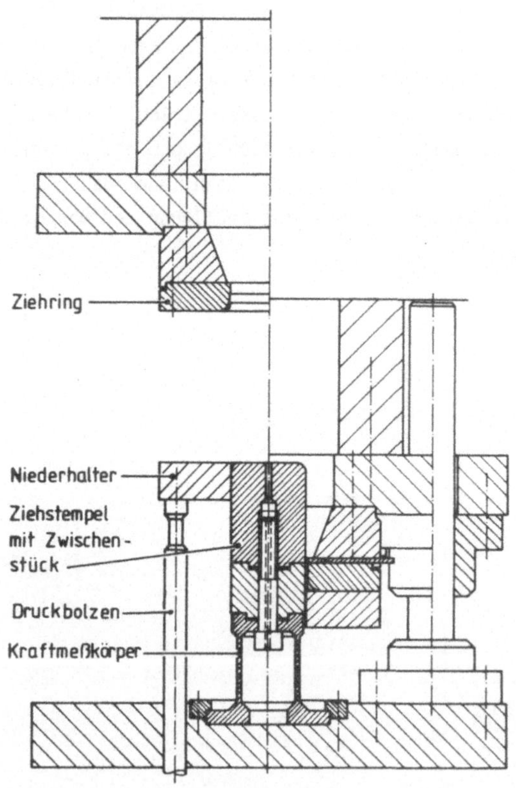

Bild 9: Versuchswerkzeug zum Tiefziehen mit Niederhalter.

Das Versuchswerkzeug (Bild 9) bestand aus dem am Pressentisch ortsfest eingebauten Ziehstempel, dem am Maschinenstößel befestigten Ziehring sowie dem von unten über das Ziehkissen bewegten Niederhalter. Zwischen dem Ziehstempel und dem Pressentisch war zur Ermittlung der Ziehkraft ein Kraftmeßkörper eingebaut. Die Niederhalterkraft wurde über die als Kraftmeßkörper ausgelegten Druckbolzen gemessen und der Stößelweg mit einem induktiven Wegaufnehmer erfaßt. Die Widerstands- bzw. Induktivitätsänderungen der Meßwertaufnehmer wurden über Trägerfrequenzmeßverstärker (Hottinger, Typ KWS/II-5) in analoge Spannungen umgewandelt, verstärkt und einem Lichtstrahloszillographen (Honeywell, Typ Visicorder 906 S) zugeleitet, der Kraft und Weg in Abhängigkeit von der Zeit aufzeichnete.

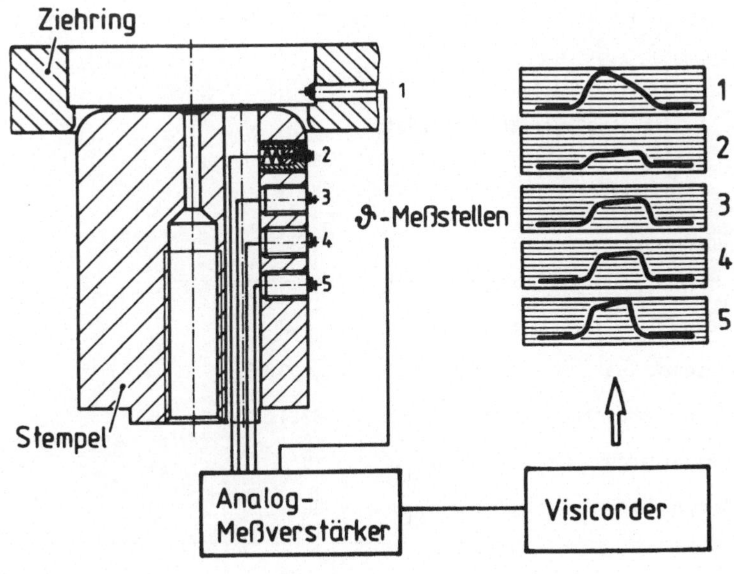

Bild 10: Meßaufbau zur Temperaturmessung (schematisch) mit Meßschriebe.

Für die Erwärmung der Aktivelemente des Tiefziehwerkzeuges wurden an den Ziehringen und am Niederhalter in einer 60 Grad-Teilung über dem Umfang radiale Bohrungen zur Aufnahme von Heizpatronen mit je 100 Watt Heizleistung angebracht. Im Ziehstempel waren für eine Aufheizung durch Heizpatronen drei Bohrungen vorgesehen. Die Werkzeugteile konnten mit einer regelbaren elektrischen Widerstandsheizung erwärmt werden. Zur Messung der Temperatur dienten in oberflächennahen Bereich der Kontaktzone eingebaute Thermoelemente.

Die Messung der Temperaturentwicklung während des Umformvorganges erfolgte über vier im Ziehstempel vertikal über der Zargenhöhe angeordnete, federnd abgestützte Thermoelemente mit extrem kurzen Ansprechzeiten. Für die Messung im Außenbereich des Napfes war eine Meßstelle im Ziehring unmittelbar hinter dem Ziehkantenradius vorgesehen. In Bild 10 ist die Meßstellenanordnung und der Meßaufbau zur Temperaturmessung schematisch dargestellt.

Die Werkzeug- und Werkstückabmessungen sind aus Tabelle 4 zu entnehmen.

Tabelle 4: Werkzeug- und Werkstückdaten.

Werkzeugdaten		mm
Ziehspalt	u_z	1,2
Ziehkantenradius	r_z	4; 6,3; 8
Ziehringdurchmesser	d_R	82,4
Ziehstempelradius	r_{St}	10
Ziehstempeldurchmesser	d_{St}	80
Werkstückdaten		**mm**
Blechdicke	s_o	1
Napfinnendurchmesser	d_1	80
Ziehverhältnisse	β	1,63;1,8;2,0

5.2 Korrosionsprüfung

Für die Korrosionsprüfung werden je nach Anwendungsfall, Einsatzbedingungen und der zu erwartenden Korrosionsart unterschiedliche Prüfverfahren eingesetzt.

Der Korrosionsvorgang in wäßrigen Prüfmedien kann mit dem Prüfmedium und dem Metall als System Elektrolyt-Elektrode betrachtet und nach einer charakteristischen Funktion der Stromdichte-Potentialkurve beurteilt werden. Das Metall nimmt in einem Medium mit Elektrolytcharakter ein Potential an, das einer zeitlichen Änderung unterliegen kann.

Elektrochemisch kontrollierte Korrosionsversuche ermöglichen die Erfassung der Potentialabhängigkeiten und gestatten eine Aussage über momentan durchlaufene Stadien eines Korrosionsvorganges. Diese Korrosionsprüfverfahren ermöglichen jedoch keine einfache Anwendung bei komplexen Werkstücken in der fertigungstechnischen Praxis und erfordern neben umfangreicher Erfahrung einen großen Versuchsaufwand.

Neben den elektrochemischen Korrosionstests werden zur Auswahl von Werkstoffen und zur Qualitätsprüfung oft solche Tests eingesetzt, deren Vorgehensweise in DIN oder ASTM festgelegt ist (z.B. Strauß-Test, Kesternich-Test, $MgCl_2$-Test, Salzsprühtest). Diese Versuche ermöglichen zwar keine werkstoffwissenschaftlichen Grundlagenuntersuchungen, erlauben aber eine Aussage über die Art und den Verlauf der Korrosion an Werkstücken in der fertigungstechnischen Praxis. Dabei wird durch mehrere Wiederholversuche in Verbindung mit einer metallographischen Auswertungsmethode eine ausreichend genaue Aussage über die Korrosionsbeständigkeit der Werkstücke erreicht.

Bei allen Korrosionsprüfungen sind die Einflußgrößen für SpRK unter Chlorideinwirkung (Bild 11) zu beachten. In den eingesetzten Korrosionstests wird von konstanten Bedingungen des Prüfmediums ausgegangen, wobei die werkstückseitigen Einflüsse auf das Korrosionssystem als freieinstellbare Ausgangsbedingungen hingenommen werden. Für die Korrosionsprüfung an tief-

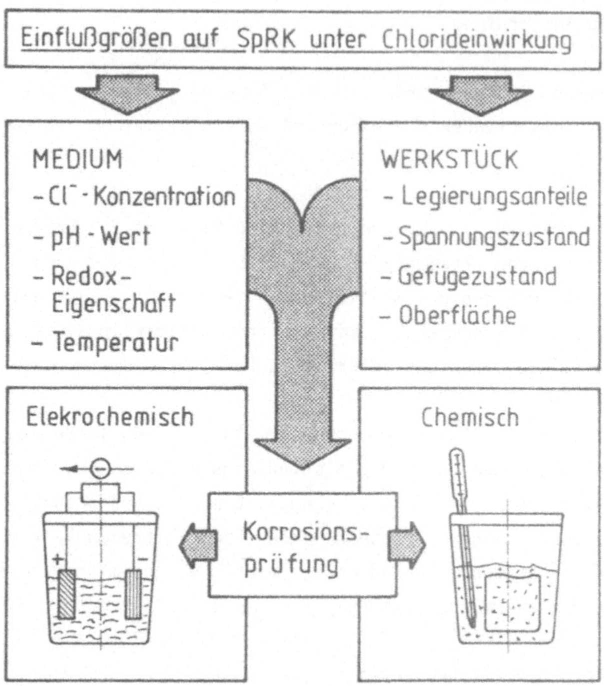

Bild 11: Einflußgrößen für SpRK unter Chlorideinwirkung und verschiedene Arten der Korrosionsprüfung.

gezogenen Näpfen wurden zwei standardisierte Tests gewählt:

1. Magnesiumchlorid-Test nach ASTM G 36-73
2. Salzsprühtest in Anlehnung an DIN 50021

5.2.1 Magnesiumchlorid-Test

Der standardisierte Magnesiumchlorid-Test gewährleistet bei kontrolliertem Ablauf hinreichend reproduzierbare Voraussetzungen für alle geprüften Teile. Die Apparatur (Bild 12) besteht aus einem Becherglas als Aufnahmegefäß für Prüfmedium und Werkstück, einem Planschliffdeckel, modifiziertem Allihn-Kühler und - soweit erforderlich - einer Kühlfalle.

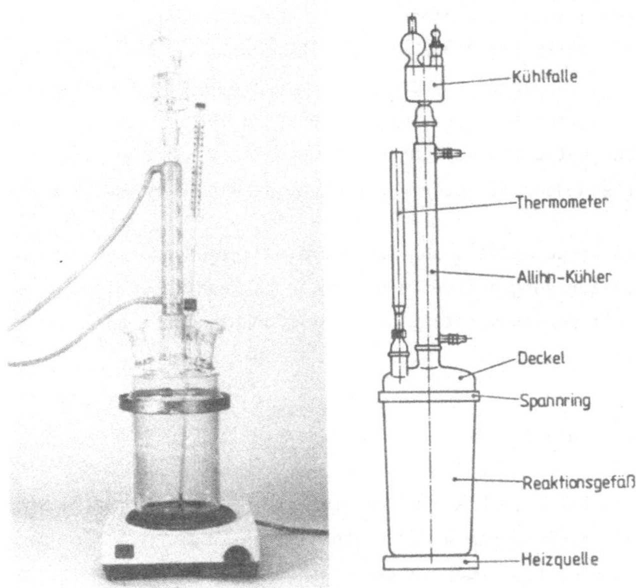

Bild 12: Aufbau der Apparatur für den $MgCl_2$-Test.

Das Magnesiumchlorid wurde mittels Heizquelle erschmolzen, und mit demineralisiertem Wasser über die Temperatur die gewünschte Konzentration eingestellt. Auf den Einsatz der Kühlfalle konnte wegen der kurzen Prüfzeiten und der noch nicht zu großen Mengen des Prüfmediums verzichtet werden. Es wurde immer die gleiche Menge $MgCl_2$ eingefüllt. Durch den Verschluß der Apparatur mit einem abgedichteten Planschliffdeckel konnten eine starke Sauerstoffbeeinflussung vermieden und die Ausgangsbedingungen seitens des Mediums als konstant angesehen werden.

Die Korrosionsprüfung wurde für jeden Versuchspunkt an mindestens drei Werkstücken durchgeführt; dabei wurde jedes Werkstück einzeln geprüft, um eine gegenseitige Beeinflussung auszuschließen. Das Werkstück wird in die siedende gesättigte Magnesiumchloridlösung (ϑ= 154°C) bei Normal-Luftdruck für eine vorgewählte Prüfzeit eingelegt, bei der ein Anriß infolge SpRK erwartet wird. Das verdampfende Wasser wird durch den Kühler kondensiert, so daß über den Versuchszeitraum eine konstante Magnesiumchlorid-Konzentration von nahezu 45 % gewährleistet ist. Die hohe Chloridkonzentration stellt eine verschärfte Bedingung gegenüber einer korrosiven Betriebsbeanspruchung dar, so daß eine Übertragung auf betriebliche Korrosionsprobleme nicht immer möglich ist. Bei vergleichenden Untersuchungen in Abhängigkeit von den Fertigungsbedingungen können jedoch umfangreiche Untersuchungen zeitraffend und mit guter Reproduzierbarkeit vorgenommen werden.

Umfangreiche Wiederholversuche für einzelne Versuchspunkte zeigten, daß bei sorgfältiger Vorgehensweise bis zu sechs Werkstücke in derselben $MgCl_2$-Lösung geprüft werden konnten, ohne das Ergebnis durch Änderungen des Prüfmediums zu beeinflussen.

5.2.2 Salzsprühtest

Der Salzsprühtest nach DIN 50021 bietet die Möglichkeit, vergleichend zum Magnesiumchlorid-Test ein weniger aggressives Prüfmedium für die Korrosionsprüfung nichtrostender austenitischer Stähle praxisbezogen einzusetzen. Dieses Verfahren ist kein spezielles Korrosionsprüfverfahren für nichtrostende Stähle. Da jedoch bei der Anwendung des Verfahrens ein Angriff durch chloridhaltige Prüfmedien erfolgt, ist für die nichtrostenden austenitischen Stähle eine korrosive Schädigung zu erwarten.

Da SpRK austenitischer Stähle in diesen chloridhaltigen Lösungen unter 80°C nicht beobachtet worden ist [19, 38], wurden die Versuche bei erhöhter Prüftemperatur durchgeführt.

Bild 13 zeigt den schematischen Aufbau der Prüfeinrichtung mit einer handelsüblichen Salzsprühkammer. Der Prüfraum hat ein Volumen von 400 Liter und wird von einer dachförmigen Haube verschlossen. Die Abdichtung der Haube ist durch die mit Wasser gefüllte Rinne gegeben, in welche die Kanten der Abdeckhaube eintauchen.

Die zu prüfenden Werkstücke wurden nach Prüfvorschrift in ein Gestell gehängt, wobei die wesentlichen Flächen um 60-70 Grad gegenüber der Horizontalen geneigt waren, und keine gegenseitige Berührung und Betropfung von anderen Werkstücken möglich war. Entsprechend der Norm wurden die zu prüfenden Werkstoffproben und Tiefziehteile nicht direkt besprüht. Der Sprühstrahl war gegen die dachförmige Abdeckhaube gerichtet, so daß durch deren

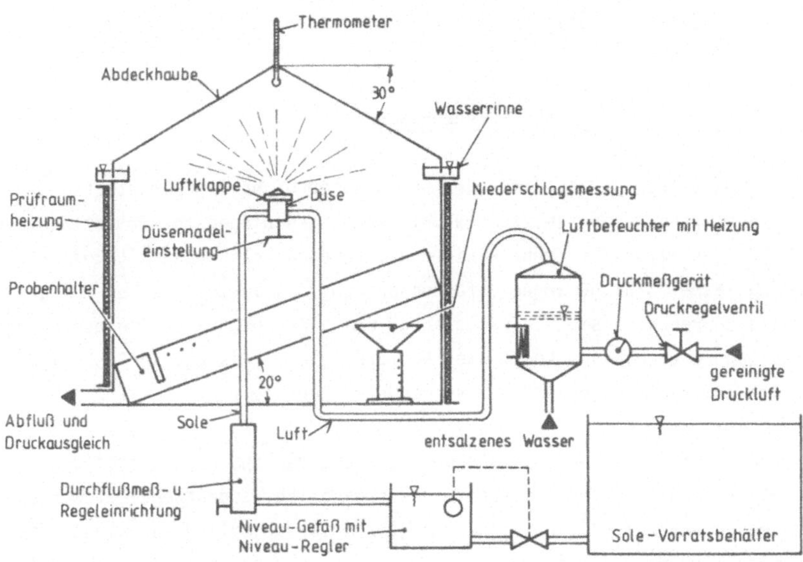

Bild 13: Schematischer Aufbau der Salzsprühkammer.

Neigung ein Betropfen der Werkstücke vermieden wurde. Als Prüfmedium wurde eine 5%ige NaCl-Lösung bei einer Prüfraum- und Sprühnebeltemperatur von 80°C verwendet. Die Werkstücke wurden vor dem Versuch entfettet, so daß eine von der Fertigung herrührende Schmierstoffschicht den korrosiven Angriff nicht beeinflussen konnte.

Der Unterschied zwischen dem $MgCl_2$-Test und dem Salzsprühtest liegt im Prüfmedium und in der Art der Durchführung, so daß ein unterschiedliches Beanspruchungskollektiv wirksam wird. Daraus kann eine unterschiedliche korrosive Schädigung resultieren, die sehr stark vom Prüfmedium beeinflußt wird. Die Prüfmedien unterscheiden sich in der Cl^--Konzentration, Temperatur, den Redoxeigenschaften und, für die Korrosion entscheidend, im pH-Wert. Beim Salzsprühtest stellt sich ein pH-Wert von $\sim$ 5,5 ein, während bei der Versuchsdurchführung mit der bei 154°C siedenden $MgCl_2$-Lösung mit einem stark sauren Prüfmedium (pH-Wert um 1) zu rechnen ist.

6 Spannungsrißkorrosion tiefgezogener austenitischer Werkstücke im $MgCl_2$-Test

6.1 Voruntersuchung an U-Biegeproben

Für die nicht werkstückspezifische Korrosionsprüfung des Werkstoffes werden U-Biegeproben eingesetzt. Die Untersuchungen dienen zur Ermittlung des Werkstoffverhaltens bei sehr kleinen Umformungen, bei denen mit keiner oder nur einer sehr geringen Gefügeumwandlung des austenitischen Gefügeanteils zu rechnen ist. Sie ermöglichen bei einer bekannten Biegespannungsverteilung und zeitlich konstanter Verformung eine Aussage in Abhängigkeit von den Prüfbedingungen und dem verwendeten Werkstoff.

Für die Bezeichnung des Spannungsbetrages und der Spannungsverteilung über die Blechdicke kann der einfache Biegevorgang [20] zugrundegelegt werden. Über den errechneten Spannungszustand für unterschiedlich ausgelegte Biegeproben wird dann für den jeweils eingesetzten Werkstoff eine Beurteilung der Korrosionsbeständigkeit möglich.

Die Schädigung durch SpRK an der äußeren Faser einer Biegeprobe ist in Bild 14 dargestellt. Im linken Teil ist ein fortgeschrittenes Stadium der SpRK zu ersehen, die auch in der Oberflächenverteilung das typisch verästelte Aussehen der SpRK aufweist. Die metallographische Untersuchung zeigt im Querschliff eine überwiegend transkristalline Rißausbildung, wobei auch in Blechdickenrichtung eine Verästelung der Risse zu beobachten ist. Der transkristalline Rißverlauf wurde, wie auch die REM-Aufnahme der Oberfläche im rechten Bildteil zeigt, für alle eingesetzten Werkstoffe beobachtet.

Eine Analyse des Rißwachstums ist nur möglich, solange die Schädigung noch kein fortgeschrittenes Stadium erreicht hat. Daher wurden die Proben nach einer vorgegebenen Prüfzeit dem Prüfmedium entnommen und lichtmikroskopisch untersucht. Die Untersuchung erfolgte für jeden Versuchspunkt an mehreren Proben, bei denen nach der Schliffpräparation der Probenkanten die maximale Rißtiefe ausgemessen wurde. Diese repräsentiert die maximale Schädigung des Bauteils.

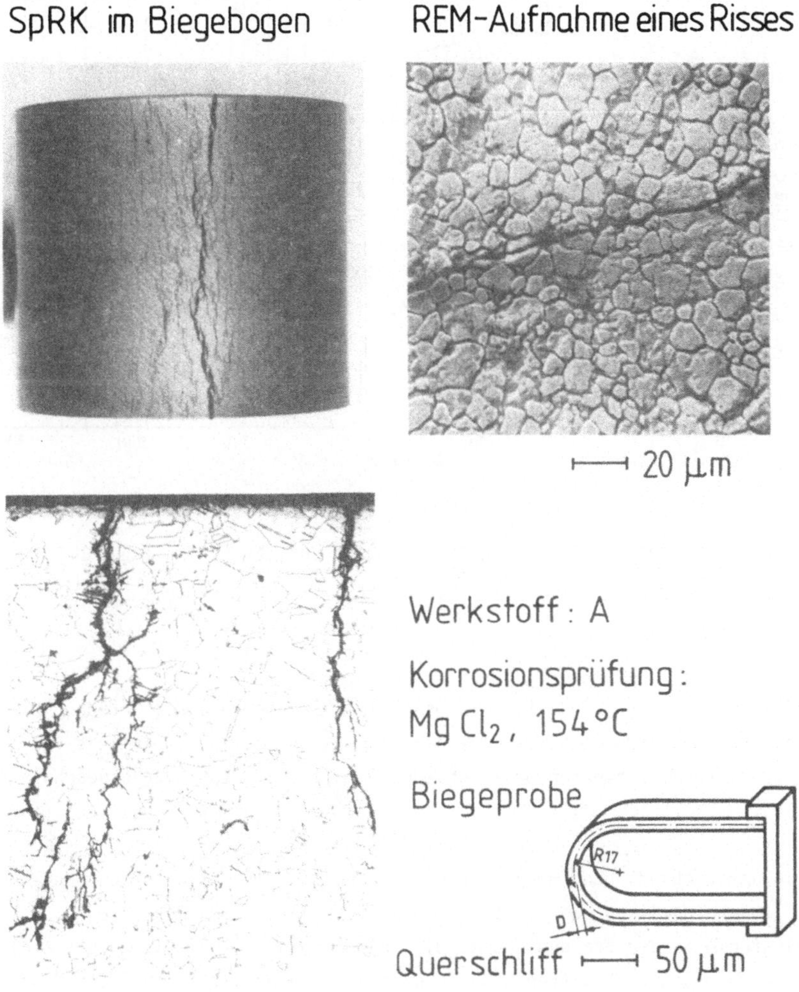

SpRK im Biegebogen

REM-Aufnahme eines Risses

20 µm

Werkstoff: A

Korrosionsprüfung:

$MgCl_2$, 154 °C

Biegeprobe

R17

D

Querschliff 50 µm

Bild 14: SpRK an einer U-Biegeprobe.

In Bild 15 ist die maximale Rißtiefe über der Prüfzeit für die verwendeten Werkstoffe dargestellt. Aufgrund des linearen Zusammenhanges in der einfachlogarithmischen Darstellung können der Rißbeginn und der Zeitpunkt bis zum Bruch der Probe durch Extrapolation ermittelt werden. Die Rißfort-

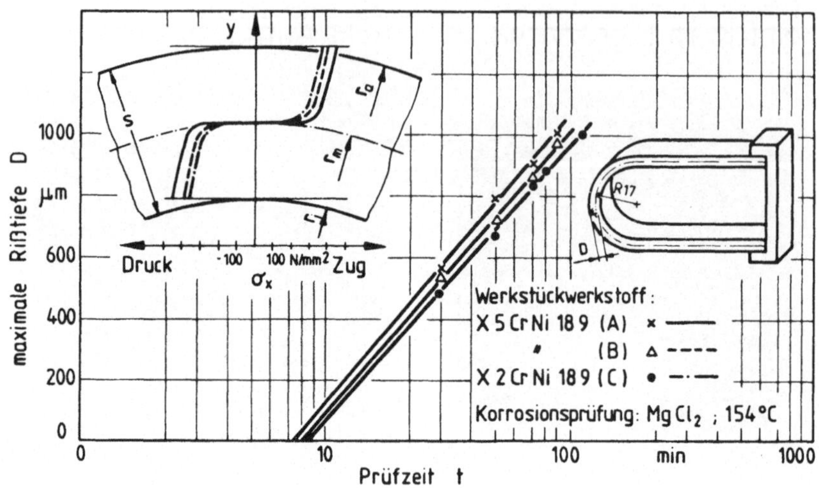

Bild 15: Maximale Rißtiefe in Abhängigkeit von der Prüfzeit bei U-Biegeproben.

pflanzungsgeschwindigkeit ergibt sich aus der Steigung der Geraden. Die unterschiedlichen Werkstoffe zeigen ein tendenziell gleichartiges Verhalten mit kaum sichtbaren Unterschieden in der Rißfortpflanzungsgeschwindigkeit.

Die unterschiedlichen Biegespannungsverläufe (Bild 15) unterscheiden sich in Abhängigkeit vom Werkstoff und dessen Legierungsbestandteilen nur geringfügig in der Spannungshöhe. Die höhere Spannung beim Werkstoff A hat gegenüber den Werkstoffen B und C eine kürzere Anrißzeit zur Folge, sowie bei etwas größerer Rißfortpflanzungsgeschwindigkeit ein schnelleres Versagen. Entsprechende Unterschiede bestehen zwischen den Werkstoffen B und C.

Für die Proben mit niedrigerem Nickelgehalt erfolgt demzufolge die korrosive Schädigung schneller. Aufgrund der Legierungselemente, insbesondere des niedrigeren Nickelgehaltes, liegt zwar eine höhere Zugfestigkeit und ein höherer Verfestigungsexponent vor; diese können aber nicht den Einfluß der höheren Randbiegespannung in der Außenfaser auf das korrosive Versagen unterdrücken.

Der Einfluß einer Martensitbildung ist bei Randdehnungswerten $<0,1$ ausgeschlossen, so daß hier kein Zusammenhang zwischen Austenitstabilität und Versagen der Probe besteht.

Ebenso kann ein Einfluß der Anisotropie nicht nachgewiesen werden. In mehreren Untersuchungen wurden Proben von 0°, 45° und 90° zur Walzrichtung geprüft, wobei keine eindeutigen Unterschiede in der Anriß- und Bruchzeit festgestellt werden konnten. Die wichtigste Einflußgröße auf die Anriß- und Bruchzeit ist die Randbiegespannung in der Außenfaser der Probe. Dies wurde an Proben mit unterschiedlichen Biegeradien und Abmessungen bestätigt.

6.2 Korrosive Schädigung tiefgezogener Werkstücke

Die korrosive Schädigung nichtrostender austenitischer Werkstoffe des Typs X5 CrNi 18 9 durch SpRK in chloridhaltigen Medien ist in der Regel durch transkristallinen Rißverlauf gekennzeichnet.

Die in $MgCl_2$-Lösung geprüften Näpfe versagen in Abhängigkeit von Analyse und Gefüge durch einen überwiegend interkristallinen oder überwiegend transkristallinen Rißverlauf. Charakteristisch für die korrosive Schädigung durch SpRK ist eine verästelte Rißbildung senkrecht zur wirksamen Zugspannung. In Bild 16 sind die makroskopischen Rißbilder für unterschiedliche Ziehverhältnisse dargestellt.

Beim Ziehverhältnis $\beta = 2,0$ erfolgt der Rißverlauf bis zum Bruch des Napfes in Zargenlängsrichtung und somit senkrecht zur wirkenden tangentialen Eigenspannung. Der Beginn der SpRK wurde immer im Bereich der größten tangentialen Eigenspannung festgestellt, wobei aufgrund der Anisotropie des Werkstoffes und der Zugeigenspannungen die Rißbildung bevorzugt im Bereich der Zipfeltäler (0° und 90° zur Walzrichtung) erfolgte.

Auch beim Ziehverhältnis $\beta = 1,63$ erfolgt die Rißbildung zunächst senkrecht zur tangentialen Eigenspannung. Nach Ausbildung einer größeren Riß-

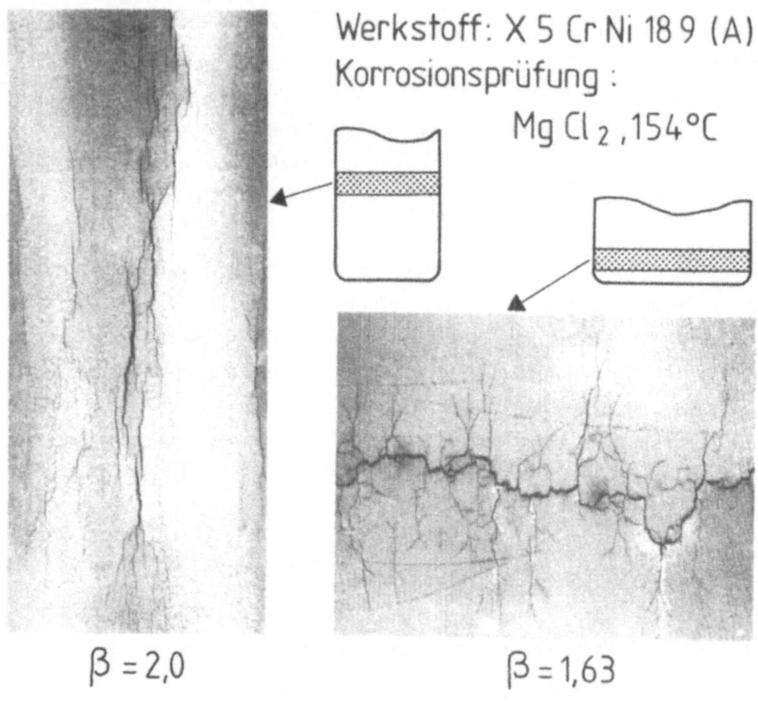

Bild 16: SpRK bei unterschiedlichen Ziehverhältnissen.

dichte am Umfang des Napfes, wobei der Rißbereich nicht auf die Zipfeltäler beschränkt blieb, brach dieser jedoch häufig quer zur Zargenlängsrichtung. Dieser Bruch läßt sich damit erklären, daß nach einer Schwächung durch Rißbildung infolge tangentialer Eigenspannungen die Wirkung der axialen Eigenspannungen überwiegen. Somit ist letztlich das Zusammenwirken der Eigenspannungen beider Richtungen verantwortlich für den Bruch des Napfes mit β = 1,63.

Als wesentlich für das Auslösen der SpRK ist in Abhängigkeit vom Werkstoff vor allem ein Korngrenzenangriff anzusehen, der bei fortschreitender Schädigung den Rißverlauf beeinflußt. Bild 17 zeigt REM-Aufnahmen geschädigter Oberflächen. Neben einer deutlichen Rißausbildung sind Oberflächenschädigungen im Bereich der Risse festzustellen, wobei für die hochmartensithal-

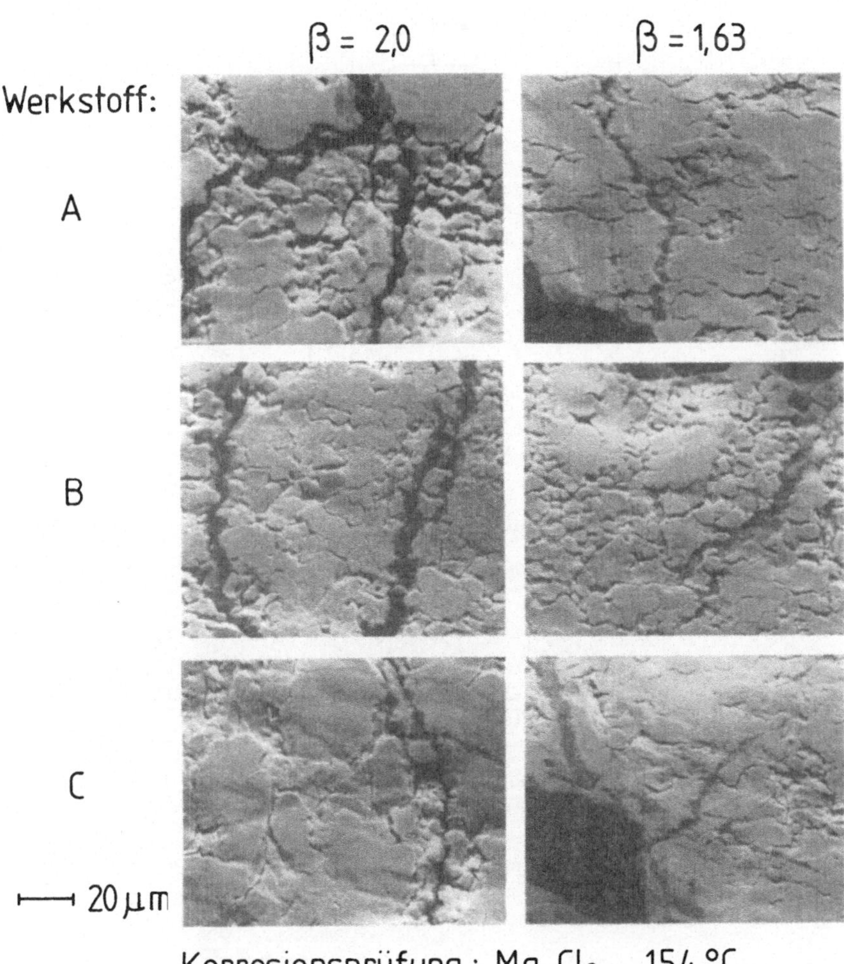

Bild 17: Rasterelektronenmikroskopische Aufnahmen durch SpRK geschädigter Oberflächen.

tigen Näpfe die Schädigung überwiegend an den Korngrenzen deutlich wird. Der nahezu martensitfreie Werkstoff C zeigt dagegen eine transkristalline Rißausbildung. Die Rißausbildung in Blechdickenrichtung wird durch die

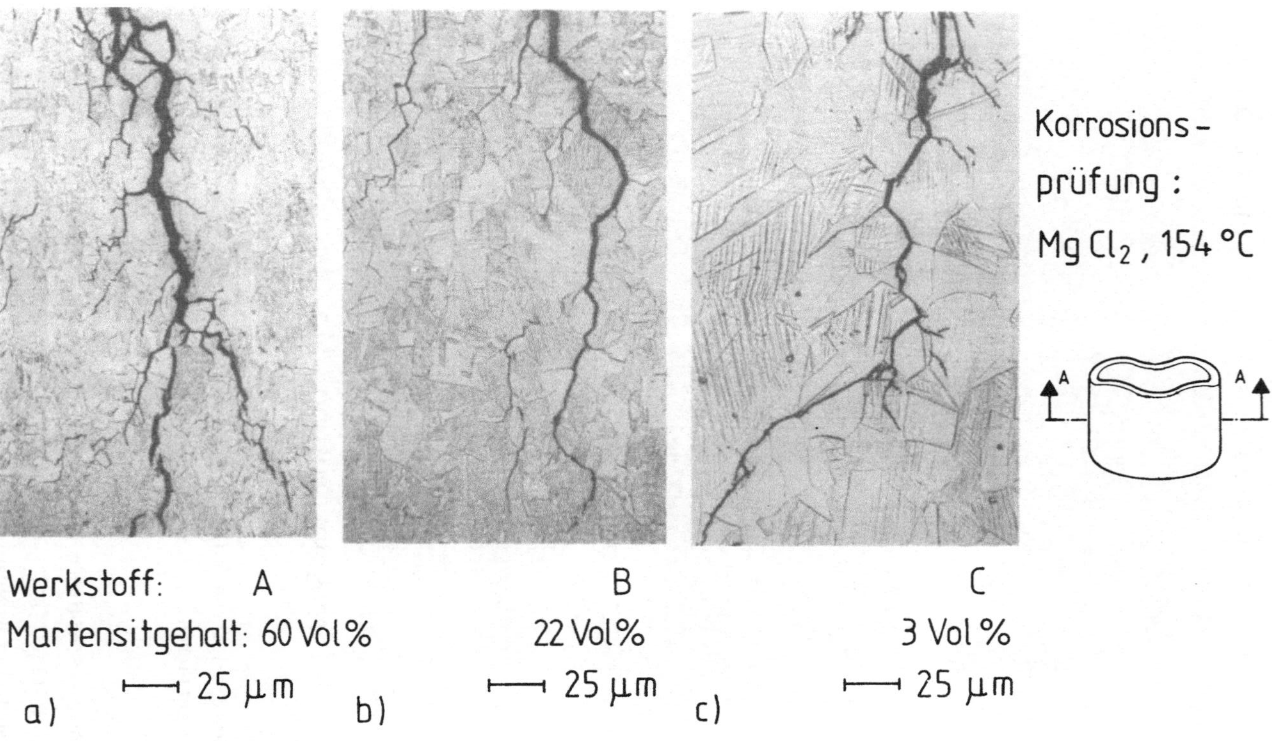

Bild 18: Rißverlauf an tiefgezogenen Näpfen mit unterschiedlichem Martensitgehalt im $MgCl_2$-Test

Schliffbilder in Bild 18 sichtbar. Für den Werkstoff A mit hohem Martensitgehalt nach der Umformung ist ein vorwiegend interkristalliner Rißverlauf zu erkennen. Für den vergleichsweise geringeren Martensitgehalt beim Werkstoff B ist der Anteil transkristalliner Risse geringfügig höher. Beim Werkstoff C ist ein überwiegend transkristalliner Rißverlauf festzustellen. Wegen der starken plastischen Deformation ist eine metallographische Trennung der Gefügebestandteile jedoch schwierig, so daß der Rißverlauf nicht deutlich beurteilt werden kann. Es kann aber angenommen werden, daß die Risse bei den Werkstoffen A und B entlang den Martensitbereichen verlaufen, wobei kaum transkristalline Verästelungen vorliegen. Demzufolge bestimmt die Höhe des Martensitgehaltes, ob die SpRK mit einem trans- oder interkristallinen Rißverlauf erfolgt.

6.2.1 Bestimmung der Standzeit

Für die Anwendung eines Testverfahrens ist eine Meßmethode zur quantitativen Ermittlung der Schädigung des Werkstückes erforderlich, die reproduzierbare Ergebnisse gewährleisten muß. Als Beurteilungskriterium einer Schädigung und der Schädigungsdauer wurde daher die Standzeit des Werkstückes festgelegt.

Die Standzeit umfaßt die Zeit für die Inkubation und das Wachstum des Risses bis zum Bruch. Zur Ermittlung der Standzeit wurde der Napf nach einer Sichtprüfung im Bereich der größten Rißausbreitung spanend durchtrennt, vgl. Bild 19. Die Schnittfläche des Napfunterteils wurde geschliffen und poliert, um auch verästelte Ausläufer eines Risses lichtmikroskopisch erfassen zu können. Die gemessene maximale Rißtiefe wird dann über der Korrosionsprüfdauer t aufgetragen. Am Beispiel des Werkstoffes A für das große Ziehverhältnis β = 2,0 ist die Beziehung zwischen maximaler Rißtiefe und Prüfzeit im Bild dargestellt. Für die Prüfung des jeweiligen Napfes wird die Prüfzeit festgelegt, in der mit Sicherheit ein Anriß erfolgt. Diese Prüfzeit wird für verschiedene Näpfe unterschiedlich hoch gewählt, so daß eine unterschiedliche korrosive Schädigung der Werkstücke und damit eine unterschiedliche Rißtiefe erreicht wird. Die Werte der jeweils gemessenen Rißtiefe ordnen sich in der einfachlogarithmischen Darstellung zu einer Geraden. Durch Extrapolation der Geraden auf die Blechdicke im Bruchbereich der Zarge und Projektion des Schnittpunktes auf die Zeitachse wird die Standzeit t_s ermittelt.

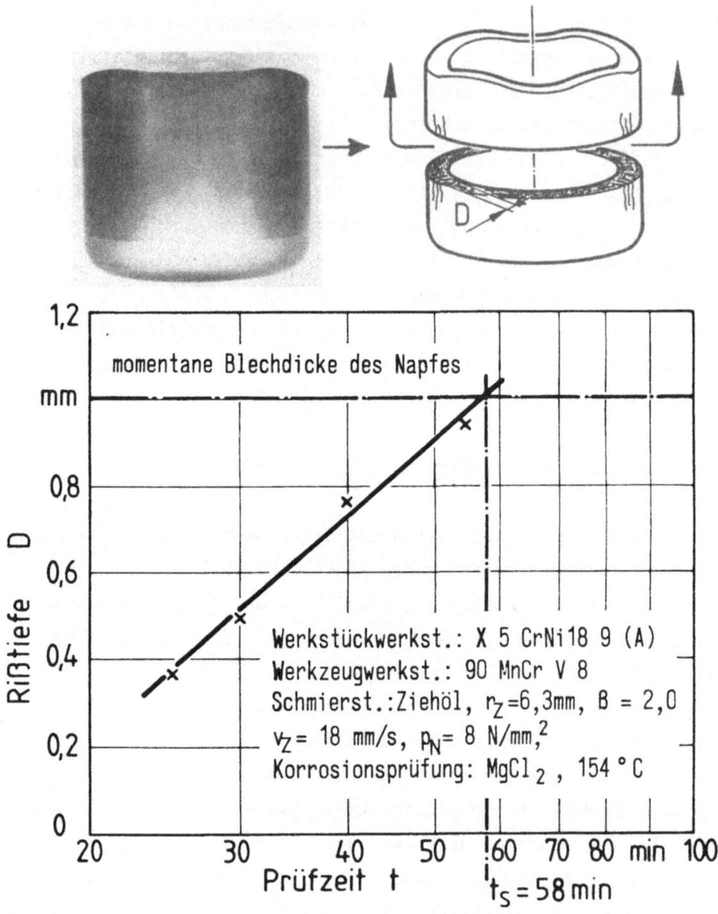

Bild 19: Ermittlung der Standzeit.

In Abhängigkeit vom Ziehverhältnis und der jeweiligen Fertigungsbedingungen liegen im Bruchbereich der Zarge unterschiedliche Blechdicken vor. Daher wird bei der Auswertung eine konstante Blechdicke von s = 1 mm angenommen, so daß gleiche Ausgangsbedingungen für die Auswertung zugrunde liegen.

6.3 Werkstückeigenschaften und Spannungsrißkorrosion

6.3.1 Eigenspannungen

Das Werkstück nimmt nach der Umformung und dem Temperaturausgleich eine Form an, die ohne Wirken äußerer Kräfte und Momente weiterbesteht. Diese neue Gleichgewichtslage kann nur damit erklärt werden, daß die Summe der inneren Kräfte und Momente untereinander im Gleichgewicht stehen.

Beim Umformen von Blechzuschnitten zu tiefgezogenen Werkstücken treten örtlich verschiedene plastische Formänderungen auf, die meist Spannungen (Eigenspannungen) von beträchtlicher Höhe verursachen. Der sich einstellende Gleichgewichtszustand kann nur durch ein Versagen des Werkstoffes oder durch eine Wärmebehandlung eine Änderung erfahren.

Die Eigenspannungen in tiefgezogenen Werkstücken setzen sich zusammen aus den durch die plastische Deformation vorherrschenden Umformspannungen und den auftretenden Rückfederungsgrößen bei der Entlastung [29].

Ausgehend von der Annahme, daß aufgrund des heterogenen Aufbaus der polykristallinen Metallwerkstoffe die Eigenspannungsquellen eine makroskopische, mikroskopische und submikroskopische Ausdehnung annehmen, werden Eigenspannungen I., II. und III. Art unterschieden [55].

Für Umformteile, insbesondere auch für umgeformte Blechteile, sind Eigenspannungen I. Art von praktischer Bedeutung. Sie erstrecken sich definitionsgemäß über mehrere Körner und stellen jeweils Mittelwerte dar.

Die Umformvorgänge und die daraus resultierenden Eigenspannungen stehen in direktem Zusammenhang mit der Spannungsrißkorrosion. In Abhängigkeit vom Umformverfahren treten Zugeigenspannungen an der Werkstückoberfläche auf, die in Verbindung mit dem chloridhaltigen Prüfmedium SpRK verursachen. Daher ist es von besonderem Interesse, die Eigenspannungen zumindest näherungsweise quantitativ zu bestimmen, um so ihre Auswirkungen auf die SpRK erfassen zu können.

6.3.1.1 Ermittlung der Eigenspannungen

Die Methoden zur Erfassung von Eigenspannungen können in zerstörende und zerstörungsfreie Verfahren unterteilt werden. Die Auswahl erfolgt im Hinblick auf die praktische Anwendung des Werkstückes und auf den gewünschten Aussagewert der Ergebnisse. Eine wichtige Methode für die Ermittlung der Eigenspannungen in dünnwandigen Werkstücken ist aus der Gruppe der zerstörenden Verfahren die Zerlegmethode, durch die jedoch nur Eigenspannungen I. Art bestimmt werden können.

Nach [29] ist davon auszugehen, daß in rotationssymmetrischen tiefgezogenen Werkstücken mit einer Wanddicke von s_1 = 1 mm keine Schubeigenspannungen induziert werden und die Radialspannungen vernachlässigbar klein sind. Daher kann mit hinreichender Genauigkeit $\sigma_a \neq \sigma_t \neq 0, \sigma_r = 0$ angenommen werden. Ferner ist bei einer idealisierten Betrachtung von einem über der Blechdicke linearen Spannungsverlauf entsprechend der elementaren Biegetheorie auszugehen. Ein Vergleich mit dem röntgenographisch erfaßten Eigenspannungsverlauf über der Blechdicke zeigt eine gute Übereinstimmung mit den idealisierten Werten an der Oberfläche [31, 56].

Zur Ermittlung der Eigenspannungen in Zargenumfangsrichtung wurden Ringe von 2 mm Breite ausgedreht. Die Ringe wurden durchtrennt, so daß sich gegenüber dem ursprünglich gefertigten Radius unter Einwirkung der vorherrschenden Spannungen durch Auffedern ein neuer Krümmungsradius einstellt. Mit Hilfe der sich einstellenden Krümmungen kann dann die maximale tangentiale Biegeeigenspannung wie folgt berechnet werden:

$$\sigma_{b,E,t} = E \cdot \frac{s_1}{2} \left(\rho_{Rg} - \rho_{Ro} \right) \qquad (1)$$

Hierin ist ρ_{Rg} die Krümmung des geschlossenen Ringes, ρ_{Ro} die Krümmung des geschlitzten Ringes und s_1 die in der Zarge gemessene Blechdicke.
Der makroskopische E-Modul wurde im 4-Punkt-Biegeversuch ermittelt. Die hierzu notwendigen Werkstoffproben wurden aus der Napfwand tiefgezogener Näpfe (β = 2,0) entnommen. Die für die Berechnung der Eigenspannungen angewandten E-Module sind aus Tabelle 2 zu entnehmen.

Durch Heraustrennen von 2 mm breiten Streifen mittels Sägeschnitt in Zargenlängsrichtung stellt sich unter der einwirkenden Spannung eine Krümmung des Streifens ein. Über die Krümmung der Zarge vor dem Heraustrennen ρ_{Za} und die Krümmung des Streifens ρ_{Zu} kann mit folgender Gleichung die Biegeeigenspannung in Zargenlängsrichtung ermittelt werden

$$\sigma_{b,E,a} = E \cdot \frac{s_1}{2} \left(\rho_{Za} - \rho_{Zu} \right) \tag{2}$$

Beim Heraustrennen der Ringe und Streifen muß gewährleistet sein, daß durch die spanende Bearbeitung nur vernachlässigbare Eigenspannungsänderungen verursacht werden.
Diese Erfassung der Eigenspannungen mittels Zerlegmethode in Anlehnung an Siebel und Mühlhäuser [30] liefert bei Anwendung der modernen Meßtechnik hinreichend genaue Meßwerte zur Beurteilung der Eigenspannungen in tiefgezogenen Näpfen und erlaubt eine Aussage über die Gebrauchseigenschaften der Werkstücke und die Auswirkungen auf die SpRK.

Die physikalischen Verfahren zur zerstörungsfreien Eigenspannungsermittlung erfordern einen hohen apparativen Aufwand und eine genaue Kenntnis der werkstoffkundlichen Zusammenhänge. Daher finden diese Verfahren nur eine beschränkte betriebliche Anwendung und dienen insbesondere auch zu Vergleichsmessungen zu anderen Verfahren.

Aus der Gruppe der zerstörungsfreien Verfahren wurden röntgenographische Eigenspannungsanalysen durchgeführt.* Durch diese Analysen können die Spannungen in der Oberflächenschicht erfaßt werden. Dies ist um so mehr von Bedeutung, als das Verhalten tiefgezogener austenitischer Näpfe gegenüber SpRK im wesentlichen durch den Oberflächenspannungszustand geprägt wird. Darüber hinaus kann eine vergleichende Aussage gegenüber der in der Praxis einfacher anzuwendenden Zerlegmethode vorgenommen werden und eine gezielte punktuelle Bestimmung der Eigenspannungen erfolgen.
Die Spannungsanalysen wurden auf einem rechnergesteuerten ψ-Diffraktometer nach der $\sin^2\psi$-Methode [57] durchgeführt.

*Institut für Werkstoffkunde I, Karlsruhe
Fraunhofer Institut für Werkstoffmechanik, Freiburg

Ergebnisse aus beiden Verfahren sind in Bild 20 gegenübergestellt. Für diesen Ergebnisvergleich ist besonders der Werkstoff C geeignet, da dieser bei der Umformung nur eine vernachlässigbar geringe Martensitbildung aufweist. Dadurch kann davon ausgegangen werden, daß sowohl mit der Zerlegmethode als auch mit der röntgenographischen Bestimmung nur Eigenspannungen der Austenitphase erfaßt werden.

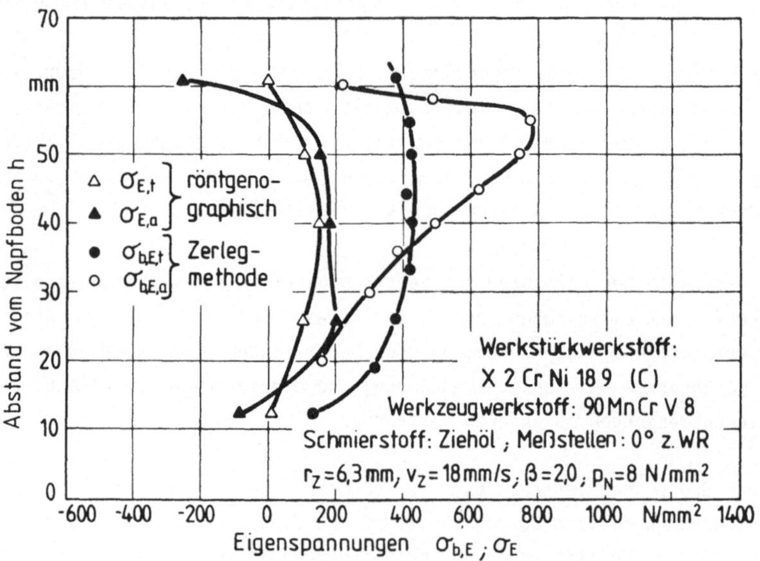

Bild 20: Vergleich: Röntgenographisch und durch die Zerlegmethode ermittelte axiale und tangentiale Eigenspannungsverteilungen in der Napfwand.

Bei der Bestimmung mittels Zerlegmethode ergibt sich für die axiale Biegeeigenspannung $\sigma_{b,E,a}$ vom Übergang der Bodenrundung in die Zarge ein kontinuierlicher Anstieg der Eigenspannung, welche in einem Abstand von 50 mm zum Napfboden einen Maximalwert erreicht und zum Zargenrand hin wieder abfällt.

Durch die Umformung des Werkstoffes an der Ziehkante und die nachfolgende Rückbiegung, für die eine entsprechend hohe Biegespannung vorherrschen muß, werden Eigenspannungen in Abhängigkeit von der Fließspannung und der Ziehspannung induziert. Mit größer werdender Ziehspannung werden die Eigenspannungen stärker abgebaut. Der Werkstoff ist im Bodenbereich der größten Ziehspannung ausgesetzt, so daß hieraus die Abnahme der axialen Eigenspannung resultiert. Mit abnehmender Ziehspannung erfolgt ein geringerer Abbau der Eigenspannung, bis im Abstand von ca. 50 mm zum Napfboden ein ausgeprägtes Maximum der axialen Eigenspannungen erreicht wird. Die Abnahme der Eigenspannungen im oberen Zargenbereich ist nach [30] darauf zurückzuführen, daß sich die Randzone nicht mehr der Krümmung der Ziehkante anschmiegt, sobald der Niederhalter nicht mehr wirksam wird.

Die tangentiale Biegeeigenspannung steigt ebenfalls mit zunehmendem Abstand vom Napfboden und erreicht bei einer Höhe von 40 - 50 mm einen Maximalwert, der zum Zargenrand hin wieder abfällt.

Die axialen Biegeeigenspannungen stehen mit den tangentialen Biegeeigenspannungen im Gleichgewicht [30]. Demnach muß eine Änderung der axialen Biegeeigenspannungen Auswirkungen auf die tangentialen Biegeeigenspannungen zur Folge haben, woraus auch eine Einflußnahme auf den Verlauf der tangentialen Biegeeigenspannungen über die Höhe des Napfes abgeleitet werden kann. Mit größerer Formänderung steigt die tangentiale Biegeeigenspannung. Nach Erreichen des Maximums nimmt die tangentiale Biegeeigenspannung beeinflußt durch die Auswirkungen der axialen Biegeeigenspannungen, wieder ab. Darüber hinaus führt die Aufweitung des Napfes zu einer Entlastung im oberen Zargenbereich und somit zu einer Verringerung der tangentialen Biegeeigenspannung.

Über die röntgenographische Messung wurden die Eigenspannungen in der äußeren Oberflächenschicht der Zargenwand ermittelt, so daß beim Vergleich der Eigenspannungswerte die unterschiedlichen Ausgangsvoraussetzungen beachtet werden müssen. Die Absolutbeträge der röntgenographisch erfaßten Werte sind wesentlich niedriger als die mittels Zerlegmethode erfaßten. Für die axialen Eigenspannungen wurden sowohl im unteren als auch im oberen Zargenrand Druckeigenspannungen festgestellt. In der Zarge sind aber Zugeigenspannungen zu erkennen, deren Verteilung jedoch nicht mit dem Verlauf der mittels Zerlegmethode erfaßten axialen Biegeeigenspannungen übereinstimmt.

Dagegen ist für die röntgenographisch ermittelten tangentialen Eigenspannungen eine gute Übereinstimmung im Verlauf der Eigenspannungen und der Lage der Maximalwerte festzustellen.

Für die röntgenographisch ermittelten Spannungen ist die Bestimmung der röntgenographischen Elastizitätskonstanten erforderlich, die jedoch im vorliegenden Fall nicht erfaßt werden konnten. Deshalb wurde die Berechnung der röntgenographisch ermittelten Eigenspannungen mit der makroskopischen Elastizitätskonstanten für Austenit E = 183400 N/mm² vorgenommen. Zwischen der röntgenographischen und der makroskopischen Elastizitätskonstanten können jedoch bei den tiefgezogenen Näpfen erhebliche Unterschiede bestehen, so daß bei der Anwendung der makroskopischen Elastizitätskonstanten zu niedrige Eigenspannungswerte berechnet werden.

Die an der Oberfläche röntgenographisch ermittelten Werte lassen sich selbst bei einer Blechdicke von 1 mm nicht auf den gesamten Blechdickenquerschnitt übertragen, da die Oberflächenkörner im Gegensatz zu den im Blechinneren liegenden Körnern nur einseitig von Nachbarkörpern umgeben sind [29].

Der Vergleich dieser und folgender Eigenspannungswerte, bei denen die röntgenographische Elastizitätskonstante berücksichtigt werden konnte, zeigt, daß die Zerlegmethode eine gute Aussage über die im tiefgezogenen Napf insbesondere in tangentialer Richtung vorherrschenden Eigenspannungen ermöglicht. Durch diese Methode können ausreichend zuverlässige Meßwerte ermittelt werden, die für eine Beurteilung der Eigenspannungen und deren Auswirkung auf die Spannungsrißkorrosion erforderlich sind.

Die röntgenographische Eigenspannungsanalyse bietet die Möglichkeit, den unmittelbaren Oberflächeneigenspannungszustand zu erfassen, bei dem der Korrosionsangriff erfolgt. Hierbei werden auch Spannungen durch die Reibung Werkzeug und Werkstück miterfaßt, die möglicherweise nur auf einige Atomschichten beschränkt sind.

6.3.1.2 Einfluß der Fertigungsparameter

Werkstoffseitige Einflußgrößen

Aufgrund der unterschiedlichen chemischen Zusammensetzung der verwendeten Werkstückwerkstoffe sind bei sonst gleichen Umformbedingungen unterschiedliche Werkstückeigenschaften zu erwarten. Darüber hinaus liegt durch das Vorhandensein von Texturen ein anisotropes Werkstoffverhalten vor, so daß mit unterschiedlichen Wanddickenverteilungen des Napfes in Umfangsrichtung und unterschiedlichen Eigenspannungen gerechnet werden kann.

Der Einfluß der Anisotropie auf die Eigenspannungen kann mit der Zerlegmethode jedoch nur über die Ermittlung der Längsbiegeeigenspannungen erfaßt werden. Hierzu werden in 0°, 45° und 90° zur Walzrichtung Streifen aus der Napfwand herausgetrennt und ausgemessen. In Bild 21 sind die er-

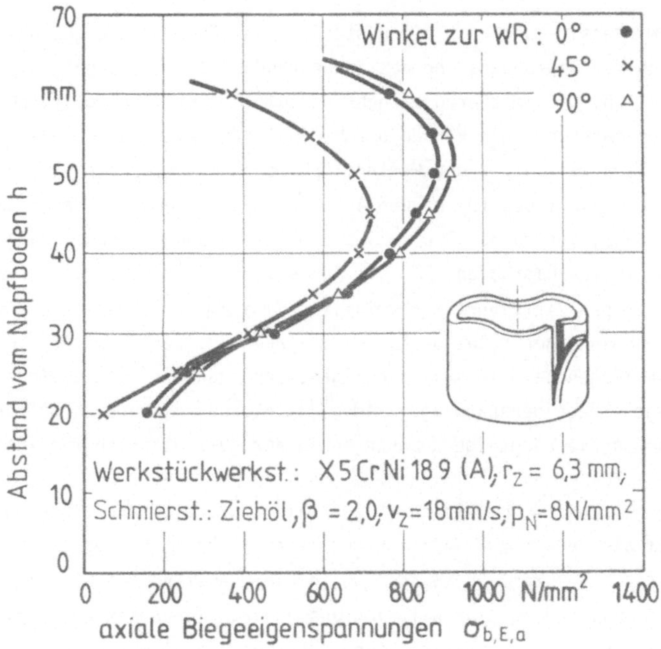

Bild 21: Axiale Biegeeigenspannungen der Napfwand bei verschiedenen Winkeln zur Walzrichtung.

mittelten Eigenspannungswerte für den Werkstoff A dargestellt. Für die drei untersuchten Bereiche ist die typische Eigenspannungsverteilung zu ersehen, wobei im Zipfelberg (45° zur Walzrichtung) ein wesentlich niedrigeres Eigenspannungsmaximum auftritt. Diese Ergebnisse lassen sich aber nur qualitativ auf die tangentialen Biegeeigenspannungen übertragen, so daß sich zur Überprüfung dieser Zusammenhänge die röntgenographische Eigenspannungsanalyse anbietet.

Im Gegensatz zu einem austenitstabilen Werkstoff müssen die Eigenspannungen in dem nichtaustenitstabilen Werkstoff A sowohl für die gebildete Martensitphase als auch für die Austenitphase röntgenographisch ermittelt werden. Die Ergebnisse für die Umfangs- und Längseigenspannungen in der Martensit- und Austenitphase sind in Bild 22 gegenübergestellt. Die Eigenspannungen wurden im Zipfeltal (0° zur Walzrichtung) und im Zipfelberg (45° zur Walzrichtung) bestimmt.

Für die Martensit- und auch die Austenitphase sind mit wenigen Ausnahmen im Bereich des Napfbodens und des Zargenrandes deutlich Zugeigenspannungen festzustellen. Die im oberen Zargenrand zum Teil ermittelten vorherrschenden Druckeigenspannungen können durch den Abstreckvorgang in diesem Bereich erklärt werden. In der Martensitphase entsprechen die tangentialen Eigenspannungsverläufe für 0° und 45° zur Walzrichtung der Verteilung, die in Bild 20 gezeigt wurde. Die maximalen Eigenspannungen bestehen zwischen 40 und 50 mm vom Napfboden. Für die Austenitphase tritt im Eigenspannungsverlauf für den Zipfelberg ein relatives Minimum auf. Ebenso sind für die Längseigenspannungen relative Minima zu erkennen. Bei 50 mm Abstand vom Napfboden liegen jeweils maximale Eigenspannungen vor. Ein besonders stark ausgeprägtes Zugeigenspannungsmaximum ist hierbei im Bereich 0° zur Walzrichtung für die Längseigenspannungen in der Austenitphase festzustellen.

In der Regel wurden im Bereich 0° zur Walzrichtung höhere Eigenspannungen ermittelt als in 45° zur Walzrichtung. Eine Ausnahme bilden die Längseigenspannungen in der Martensitphase, wo in einem Abstand von 25 - 40 mm vom Napfboden an unter 45° zur Walzrichtung höhere Eigenspannungen ermittelt wurden als unter 0° zur Walzrichtung. Darüber hinaus wurde in der Martensitphase überwiegend eine höhere Spannung festgestellt als in der Austenitphase an der gleichen Meßstelle. Dies gilt jedoch nicht für das ausgeprägte Längseigenspannungsmaximum, das in der Austenitphase ermittelt wurde.

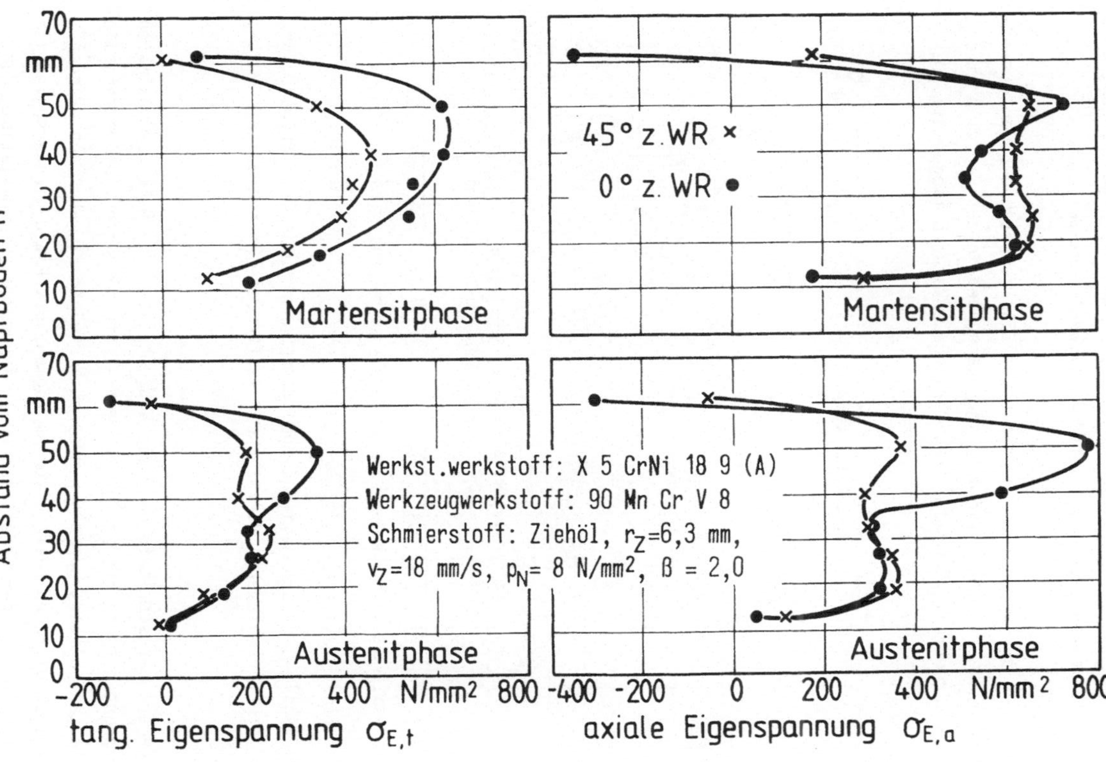

Bild 22: Röntgenographisch ermittelte Eigenspannungen in der Austenit- und Martensitphase.

Die an der Napfoberfläche durchgeführten röntgenographischen Analysen zeigen, daß in Abhängigkeit vom Winkel zur Walzrichtung unterschiedlich hohe Umfangs- und Längseigenspannungen bestehen, so daß die Eigenspannungswerte mittels Zerlegmethode zumindest tendenziell bestätigt werden.

Die Auswirkung der verschiedenen chemischen Zusammensetzungen der verwendeten Werkstückwerkstoffe auf die Eigenspannungen in der Napfwand sind in Bild 23 dargestellt. Für die drei Versuchswerkstoffe liegen die glei-

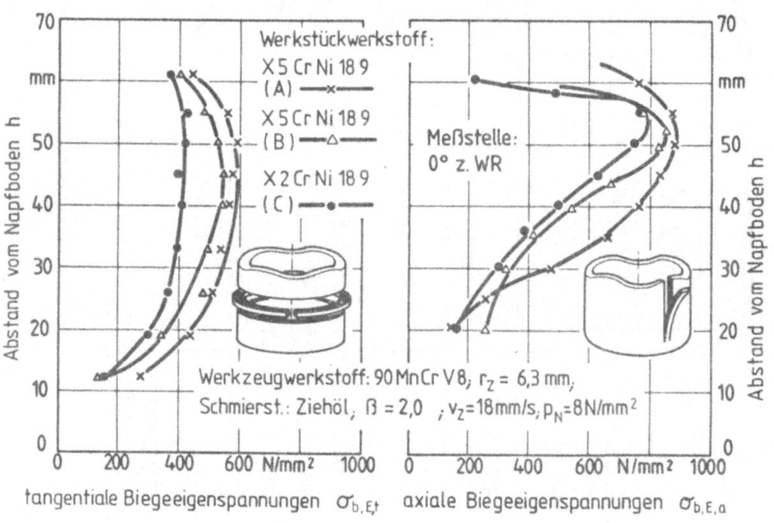

Bild 23: Axiale und tangentiale Biegeeigenspannungen in der Napfwand für die verschiedenen Werkstückwerkstoffe beim Ziehverhältnis β = 2,0.

chen Eigenspannungsverläufe über der Napfhöhe vor. Die Höhe der maximalen Eigenspannungen nimmt jedoch für die Werkstoffe mit einem austenitstabileren Verhalten, bedingt durch den höheren Nickelgehalt, ab. Dabei liegen die Maxima im gleichen Abstand vom Napfboden vor. Mit den unterschiedlich hohen Maximalwerten der Eigenspannungen wird qualitativ bestätigt, daß die Gefügeänderungen einen Einfluß auf die Ausbildung von Eigenspannungen im Napf haben. Der Ort des ersten SpRK-Angriffes muß immer in der Napfhöhe erwartet werden, in der die maximale örtliche Zugeigenspannung vorliegt.

Eine Auswirkung unterschiedlicher Werkzeugwerkstoffe auf den Eigenspannungsverlauf konnte nicht festgestellt werden. Durch den Einsatz einer Mehrstoffaluminium-Bronze (Ampco 25) können hauptsächlich die tribologischen Verhältnisse beim Tiefziehvorgang beeinflußt werden. Die dadurch beeinflußten Umformtemperaturen unterscheiden sich jedoch von denen beim Werkzeug aus Kaltarbeitsstahl nur schwach. Diese geringfügigen Temperaturunterschiede haben keine wesentlichen Auswirkungen auf die Eigenspannungen. Auch ist der Einfluß des Werkzeugwerkstoffes auf die Ziehspannung und der Formänderungen zu vernachlässigen, so daß sich keine entscheidende Beeinflussung der Eigenspannungen durch die Wahl des Werkzeugwerkstoffes ergibt.

Geometrische Einflußgrößen

Die unterschiedlichen Wanddickenverhältnisse, die Verfestigung, die Formänderungen und die Ziehspannung beeinflussen die Eigenspannungsverteilung.

In Bild 24 sind die ermittelten Eigenspannungen für das Ziehverhältnis $\beta = 1,63$ dargestellt. Im Gegensatz zu der Eigenspannungsverteilung beim Ziehverhältnis $\beta = 2,0$ ist für $\beta = 1,63$ ein ausgeprägtes Maximum der tangentialen und axialen Eigenspannungen festzustellen. Im Vergleich der Eigenspannungsverläufe für die verschiedenen Ziehverhältnisse wird deutlich, daß alle Eigenspannungsmaxima etwa im gleichen Abstand vom oberen Zargenrand des Napfes vorliegen. Dabei liegen die Maxima der tangentialen und axialen Eigenspannungen bei einem geringfügig verschiedenen Abstand vom Zargenrand. Durch die annähernd gleiche Lage der Maxima für die verschiedenen Ziehverhältnisse wird auch der Einfluß von Ziehkantenradius und Niederhalter bestätigt. Bei gleichem Ziehkantenradius wird der Werkstoff immer in demjenigen Abstand vom oberen Zargenrand nicht mehr der Krümmung der Ziehkante folgen, bei dem der Niederhalter nicht mehr im Eingriff ist. Durch die röntgenographische Analyse wurde auch in diesem Fall eine niedrigere tangentiale und axiale Eigenspannung gegenüber den durch die Zerlegmethode ermittelten Werten festgestellt.

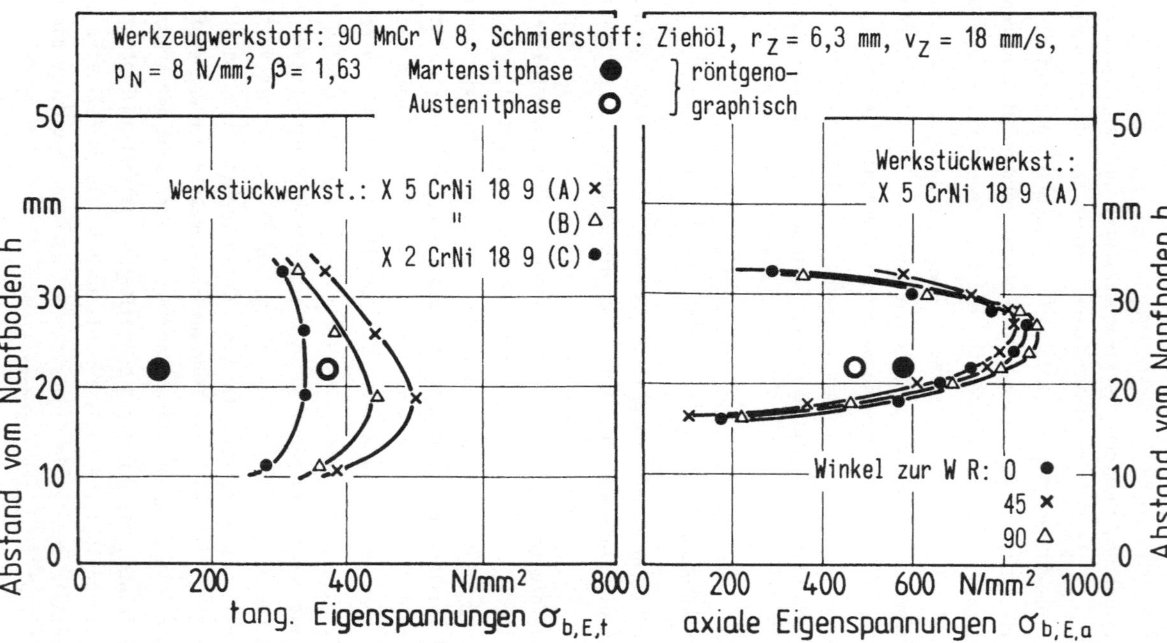

Bild 24: Tangentiale Eigenspannungen für die verschiedenen Versuchswerkstoffe und axiale Eigenspannungen bei verschiedenen Winkeln zur Walzrichtung (Ziehverhältnis β = 1,63).

Beim Ziehverhältnis β = 1,63 wurden im Vergleich zum Ziehverhältnis β = 2,0 keine eindeutigen Unterschiede der axialen Biegeeigenspannungen in Abhängigkeit vom Winkel zur Walzrichtung festgestellt.

Einen Vergleich der maximalen Biegeeigenspannungen in tangentialer Richtung für die verschiedenen Ziehverhältnisse zeigt Bild 25. Bei einem größeren Ziehverhältnis werden höhere maximale Eigenspannungen ermittelt. Die

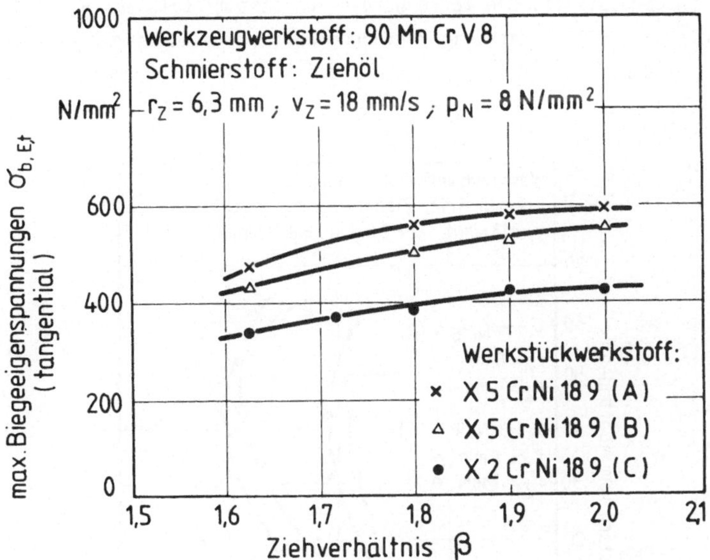

Bild 25: Maximale Biegeeigenspannungen (tangential) in Abhängigkeit vom Ziehverhältnis für die verschiedenen Werkstückwerkstoffe.

größeren maximalen Biegeeigenspannungen liegen je nach Ziehverhältnis im Bereich der größeren Formänderungen vor, die mit ihren Folgewirkungen Kaltverfestigung und Martensitbildung die höhere Eigenspannung bei größerem Ziehverhältnis verursachen.

Ziehkantenradius

Die Auswahl der Ziehkantenradien erfolgte in Abhängigkeit von den geometrischen Erfordernissen und der Dicke des Werkstoffes. Für die Verbesserung der Gebrauchseigenschaften ist jedoch auch der Einfluß des Ziehkantenradius auf die beim Tiefziehen notwendige Ziehkraft und deren Auswirkung auf die Eigenspannungen in der Napfwand von Interesse.

In Bild 26 sind die Eigenspannungsverläufe für zwei verschiedene Ziehkantenradien dargestellt. Die Werte wurden zunächst mittels Zerlegmethode ermittelt und sollten dann mit röntgenographisch bestimmten Werten verglichen werden.

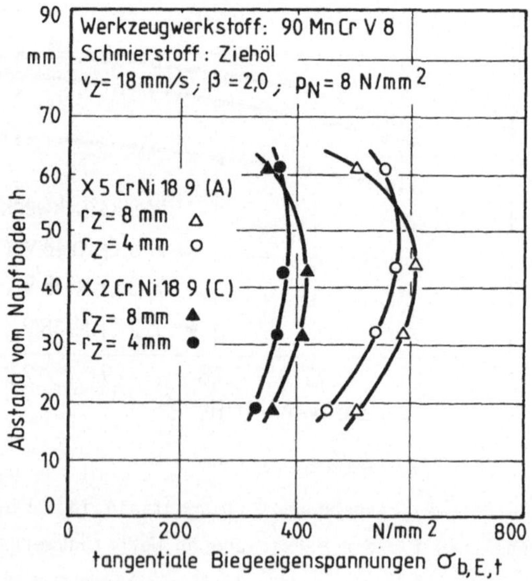

Bild 26: Tangentiale Biegeeigenspannungen in der Napfwand für verschiedene Ziehkantenradien.

Für den Ziehkantenradius r_Z = 4 mm sind im Vergleich zu größeren Radien geringfügig niedrigere Eigenspannungen festzustellen, so daß mit zunehmendem Ziehkantenradius eine größere Eigenspannung in der Napfwand vorliegt. Zwischen den Eigenspannungswerten bei den Ziehkantenradien r_Z = 6,3 mm und r_Z = 8 mm mittels Zerlegmethode ermittelt, ergibt sich nur ein schwacher Unterschied in den Maximalwerten der tangentialen Biegeeigenspannungen (vgl. Bild 23). Diese Tendenz wird auch bei den axial ermittelten Eigenspannungen deutlich. Dabei zeigen sich jedoch für die axialen Biegeeigenspannungen im Bereich des Maximums etwas größere Unterschiede. Für alle ermittelten Eigenspannungswerte ergibt sich, daß die Maxima bei einem kleineren Ziehkantenradius zum Zargenrand hin verschoben werden. Als Ursache für die schwächeren Eigenspannungen bei kleinerem Ziehkantenradius kann die Ziehspannung angesehen werden; bei einem kleineren Ziehkantenradius erhöht sich die Ziehspannung, was zu einer stärkeren Abnahme der Biegevorspannung führt und somit geringere Eigenspannungen in der Napfwand verursacht.

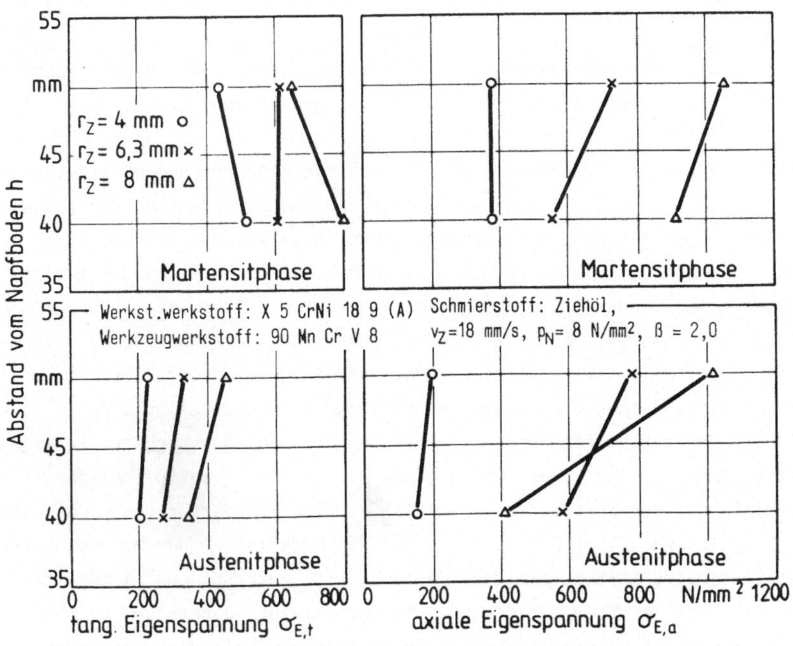

Bild 27: Röntgenographisch ermittelte Eigenspannungen in der Martensit- und Austenitphase bei unterschiedlichen Ziehkantenradien.

Die röntgenographischen Analysen im Bereich der zu erwartenden maximalen Eigenspannungen (Bild 27) bestätigen im wesentlichen die Ergebnisse der Zerlegmethode. Vergleichbar hohe Eigenspannungen bei der Zerlegmethode sind immer als Maximalwerte in der Martensit- oder Austenitphase vorzufinden. Die röntgenographisch ermittelten Spannungswerte zeigen jedoch für die tangentialen Eigenspannungen eine deutlichere Abhängigkeit vom Ziehkantenradius als bei der Zerlegmethode. Darüber hinaus sind für die axialen Eigenspannungen wesentlich größere Unterschiede der Eigenspannungen insbesondere in der Martensitphase festzustellen. Damit ist durch die röntgenographische Analyse bestätigt, daß mit zunehmendem Ziehkantenradius die Eigenspannungen in der Napfwand größer werden.

Zieh- und Werkzeugtemperatur

Neben den Formänderungen und der Umformgeschwindigkeit ist die Umformtemperatur eine wesentliche Einflußgröße auf die Fließspannung und das Verfestigungsverhalten eines Werkstoffes. Aus dieser Kenntnis kann auch ein Einfluß der Umformtemperatur auf die Werkstoff- bzw. Werkstückeigenschaften und die Umformeigenspannungen abgeleitet werden. Eine direkte Beeinflussung kann über die Werkzeugtemperatur vorgenommen werden.

Die Auswirkung der Werkzeugtemperatur auf die Eigenspannungen ist aus Bild 28 zu ersehen. Mit steigender Werkzeugtemperatur nehmen die tangentialen Biegeeigenspannungen der drei Versuchswerkstoffe ab, wobei mit größerer Austenitstabilität (höherem Nickelgehalt) die Abnahme der maximalen tangentialen Biegeeigenspannungen geringer wird. Die stärkere Abnahme der Eigenspannungen bei den Werkstoffen A und B kann durch den Abbau von Eigenspannungen II. Art erklärt werden. Diese Eigenspannungen werden durch den martensitischen Umklappvorgang hervorgerufen und können durch die Erwärmung der Werkstoffe vermindert werden. Die Wahl der höchsten Werkzeugtemperatur ϑ_W = 100°C war abhängig von deren Einfluß auf die Martensitbildung. Bei der Werkzeugtemperatur ϑ_W = 100°C wurde für den nichtaustenitstabilen Werkstoff B keine, und für den Werkstoff A nur noch eine vernachlässigbare Martensitbildung festgestellt. Aufgrund des martensitfreien Zustandes bei ϑ_W = 100°C kann daher bei dieser Temperatur für beide nichtaustenitstabilen Werkstoffe die gleiche maximale Biegeeigenspannung ermittelt werden, wodurch der Einfluß der Gefügeumwandlung (Martensitbildung) auf die Eigenspannungen I. Art verdeutlicht wird.

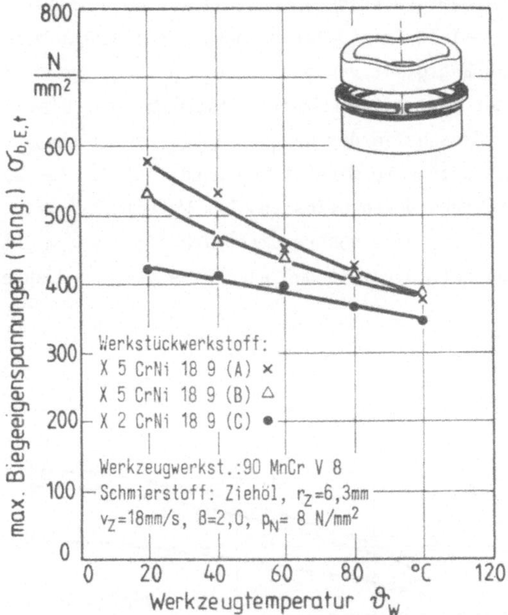

Bild 28: Maximale tangentiale Biegeeigenspannungen in Abhängigkeit von der Werkzeugtemperatur für verschiedene Werkstückwerkstoffe.

Neben der direkten Beeinflussung der Ziehteiltemperatur über die Erwärmung der Werkzeuge kann die Umformtemperatur und damit die Ziehteiltemperatur indirekt über die Variation der Verfahrensparameter, speziell der Ziehgeschwindigkeit, verändert werden.

Nach den angestrebten Gebrauchseigenschaften der Werkstücke kann es vorteilhaft sein, die Ziehgeschwindigkeit so niedrig zu wählen, daß nahezu isotherme Umformbedingungen eingehalten werden. Diese niedrigen Ziehgeschwindigkeiten entsprechen aber nicht den Erfordernissen einer wirtschaftlichen Fertigung, bei der infolge höherer Ziehgeschwindigkeiten adiabate Umformbedingungen angenähert wurden, und die höhere Umformtemperatur geringfügig schwächere Eigenspannungen zur Folge hat.

Der Einfluß der Ziehgeschwindigkeit auf die maximale Temperatur am Ziehteil und der tangentialen maximalen Biegeeigenspannungen ist in Bild 29 dargestellt. In Abhängigkeit von den einzelnen Versuchswerkstoffen sind Unterschiede in der Ziehteiltemperatur festzustellen. Diese Temperaturunterschiede, deren Ursache in der unterschiedlichen Fließspannung und der damit unterschiedlichen Umformarbeit begründet ist, wurden auch von [26] an dickwandigeren Werkstücken gemessen. Der Werkstoff A mit der höchsten Fließspannung erfordert eine höhere Umformarbeit, die zum größten Teil in Umformwärme umgewandelt wird, so daß sich eine größere Ziehteiltemperatur ergibt.

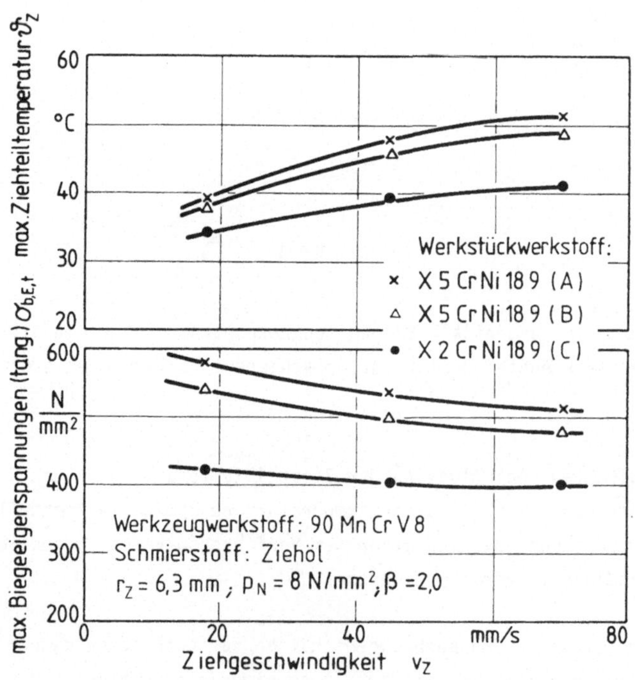

Bild 29: Maximale Ziehteiltemperatur und maximale tangentiale Biegeeigenspannungen in Abhängigkeit von der Ziehgeschwindigkeit für verschiedene Werkstückwerkstoffe.

In dem gewählten Ziehgeschwindigkeitsbereich ist nur ein relativ geringer Anstieg der Ziehteiltemperatur festzustellen, so daß auch nur eine entsprechend schwache Verminderung der Eigenspannungen beobachtet wird.

Im unteren Bildteil wird deutlich, daß in Abhängigkeit von der Ziehgeschwindigkeit und der damit verbundenen Ziehteiltemperatur für den jeweiligen Werkstoff eine unterschiedliche Abnahme der maximalen Biegeeigenspannungen erfolgt. Für die nichtaustenitstabilen Werkstoffe A und B ergibt sich eine etwa gleich große Abnahme. Beim Werkstoff C ist im gewählten Geschwindigkeitsbereich eine vernachlässigbar geringe Abnahme von etwa 20 N/mm² zu erkennen, die kaum Auswirkungen auf die SpRk der Werkstücke haben wird. Ein Vergleich mit den Eigenspannungen nach einer Umformung mit aufgeheizten Werkzeugen zeigt, daß bei einer gleich großen Temperaturdifferenz bei der direkten und der indirekten Temperaturbeeinflussung nahezu gleich große Eigenspannungsabnahmen erfolgen. Damit wird der Einfluß der Wärme auf den Abbau der Eigenspannungen bestätigt, wobei jedoch bei der Umformung der nichtaustenitstabilen Werkstoffe die Auswirkung einer Gefügeänderung beachtet werden muß.

Niederhalterdruck

Bei den gewählten Niederhalterdrücken zwischen $p_N = 8$ N/mm² und $p_N = 16$ N/mm² wurden noch geringere Temperaturunterschiede am Ziehteil gemessen als bei der Variation der Ziehgeschwindigkeit. Dennoch ist auch hier mit zunehmendem Niederhalterdruck und der dadurch nur schwach gestiegenen Umformtemperatur eine Abnahme der Eigenspannungen festzustellen. Darüber hinaus ist mit höherem Niederhalterdruck eine höhere Ziehspannung verbunden, wodurch ein Abbau der Eigenspannung erfolgt. Ein Einfluß einer höheren Ziehspannung auf die Verminderung der Eigenspannung im Zusammenwirken mit der Temperatur konnte jedoch bei den gewählten Niederhalterdrücken nicht eindeutig nachgewiesen werden.

Schmierstoff

Neben den bisher betrachteten Fertigungsparametern ist es bei jedem Umformvorgang von größter Wichtigkeit, daß die tribologischen Bedingungen dem Umformverfahren optimal angepaßt sind, und daß der richtige Schmierstoff eingesetzt wird.

Der Schmierstoff beeinflußt die Reibungsverhältnisse in der Umformzone und über die Reibung die Ziehspannung sowie (durch die entstehende Reibungswärme) die Ziehteiltemperatur. Die verschiedenen Schmierstoffe zeigten in Abhängigkeit von ihrer Zusammensetzung und Eigenschaften Unterschiede in den gemessenen Reibungszahlen. Eine eindeutige Temperaturerhöhung am Ziehteil infolge der Reibungswärme konnte aber im Rahmen der Meßgenauigkeit nicht gemessen werden. Ebenso war eine Beeinflussung der Eigenspannungen durch eine Veränderung der tribologischen Verhältnisse über den Schmierstoff und die geringfügig unterschiedliche Reibungswärme und Ziehspannung in den Fehlergrenzen nicht festzustellen.

Tiefgezogene Näpfe mit Flansch

Tiefgezogene Näpfe mit Flansch weisen gegenüber den durchgezogenen Näpfen deutliche Unterschiede in der Höhe und Verteilung der Eigenspannungen auf.

In Bild 30 sind die tangentiale und axiale Eigenspannung für einen Napf mit Flansch (Ziehverhältnis β = 1,63) dargestellt. Ersichtlich liegen größere tangentiale als axiale Biegeeigenspannungen vor. Ferner weist die

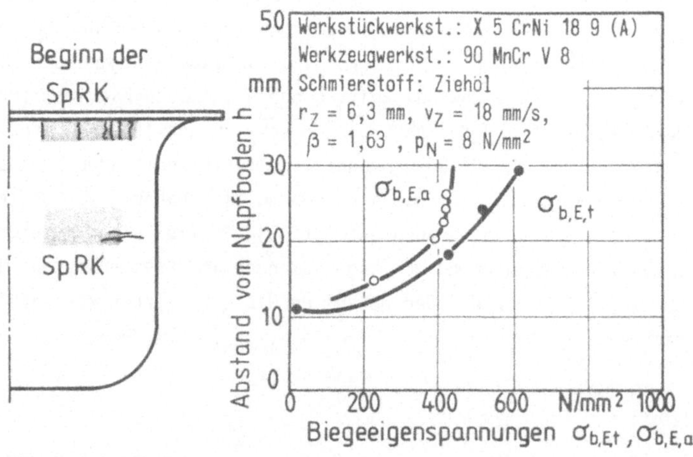

Bild 30: Axiale und tangentiale Biegeeigenspannungen in Abhängigkeit vom Abstand zum Napfboden in einem Napf mit Flansch.

Eigenspannungsverteilung im Gegensatz zu durchgezogenen Näpfen kein ausgeprägtes Maximum auf; dies gilt sowohl für die tangentialen als auch für die axialen Biegeeigenspannungen. Die maximalen Eigenspannungswerte wurden im oberen Zargenrand am Übergang zum Radius Zarge - Flansch ermittelt.

Für die axialen Biegeeigenspannungen wird deutlich, daß bei einem Abstand zum Napfboden von ca. 25 mm ein geringer Anstieg der Eigenspannung vorliegt, woraus auch der Einfluß der Ziehspannung abgeleitet werden kann. Im oberen Zargenbereich kann darüber hinaus kein Absinken der Eigenspannung erfolgen, da bei Näpfen mit Flansch der Ziehvorgang immer unter dem Einfluß des Niederhalters abläuft, und somit der Werkstoff beim Ziehen am Ziehkantenradius anliegt, andererseits die Eigenspannung auch nicht durch den Einfluß der Ziehspannung vermindert wird.
Für die tangentialen Biegeeigenspannungen ist ebenfalls ein Anstieg über die Napfhöhe mit einem Maximalwert im oberen Zargenrand festzustellen. Auch hier erfolgt kein Absinken der Eigenspannungen im oberen Zargenrand. Der Maximalwert im oberen Zargenrand und die größeren Eigenspannungen im Vergleich zu Näpfen ohne Flansch, können neben der gegenseitigen Einflußnahme von axialer und tangentialer Eigenspannung auf die Stützwirkung des Flansches zurückgeführt werden.

In einer schematischen Napfdarstellung ist gekennzeichnet, in welchem Bereich aufgrund der vorherrschenden Eigenspannungen bevorzugt SpRK festgestellt wurde. Hierbei erfolgte die örtlich verschiedene korrosive Schädigung in Abhängigkeit von der Höhe der Eigenspannungen.

6.3.1.3 Eigenspannungen und Spannungsrißkorrosion

Die Beurteilung der Eigenspannungen und deren Auswirkungen auf die Spannungsrißkorrosion gestaltet sich bei einem komplexen Werkstück schwierig. An einem tiefgezogenen Napf wirken mehrere Einflußgrößen auf die Ausbildung der SpRK, die sich oft nicht separieren lassen. Insbesondere besteht nach bisherigen Erkenntnissen eine Wechselwirkung zwischen Eigenspannungen und Martensitbildung. Eine gesicherte Aussage über den alleinigen Einfluß der Eigenspannung auf die SpRK kann daher nur an Werkstücken aus dem austenitstabilen Werkstoff C erfolgen, bei dem allenfalls eine vernachlässigbare Martensitbildung vorliegt. Ferner ist auch bei den martensitfreien

Werkstücken eine Eigenspannungsvariation vorzunehmen, die keine weiteren für die SpRK entscheidenden Veränderungen der Werkstückeigenschaften verursacht.

Die Änderung der Eigenspannungen in tiefgezogenen Näpfen aus dem gleichen Werkstoff bei gleichen geometrischen Abmessungen wurde über die Umformtemperatur durch Erwärmen der Werkzeuge vorgenommen. In dem Bereich von RT bis 100°C Werkzeugtemperatur kann ein ausreichend hoher Eigenspannungsabbau erfolgen, ohne daß die temperaturabhängige Formänderungsverteilung maßgeblich beeinflußt wird. Bei dieser Vorgehensweise kann bei veränderter Eigenspannung von sonst konstanten Bedingungen ausgegangen werden, so daß eine Aussage über den Einfluß der Eigenspannung auf die SpRK am tiefgezogenen Napf möglich ist.

Bild 31 zeigt die Abhängigkeit der Standzeit t_S von der maximalen tangentialen Biegeeigenspannung. Bei der logarithmischen Teilung der Zeitachse

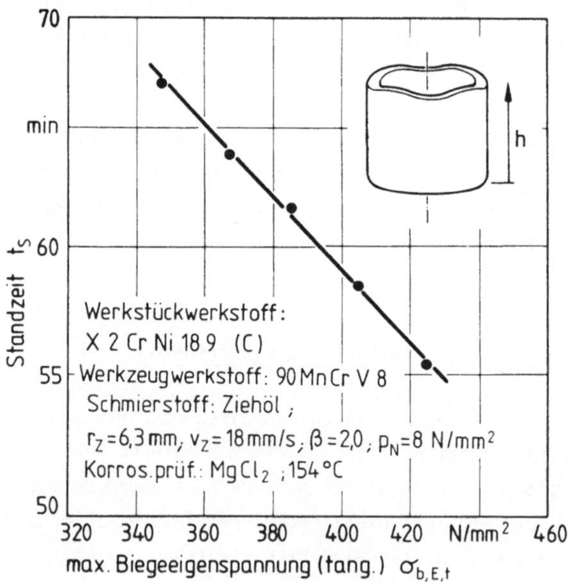

Bild 31: Einfluß der Eigenspannungen auf die Standzeit tiefgezogener Näpfe.

liegen die ermittelten Werte auf einer Geraden. Dabei nimmt die Standzeit der Näpfe bei höheren maximalen Biegeeigenspannungen ab. Aus dieser Erkenntnis läßt sich allgemein ableiten, daß durch eine Veränderung der Fertigungsbedingungen, die eine Abnahme der Eigenspannungen bewirken, die Standzeit der Näpfe aus austenitstabilen Werkstoffen erhöht werden kann. Für die Lebensdauer der martensitfreien Näpfe ist somit hauptsächlich die Höhe der Eigenspannungen entscheidend.

Eine Aussage über den alleinigen Einfluß der Eigenspannungen bei austenitinstabilen Werkstoffen ist am tiefgezogenen Napf nicht möglich. Daher werden im Abstand von 40 - 50 mm zum Napfboden (in diesem Bereich setzt am tiefgezogenen Napf die SpRK ein) 15 mm breite Ringe aus mehreren unter gleichen Bedingungen gefertigten Näpfen herausgetrennt. Die Ringe wurden aufgetrennt und anschließend durch Verspannen unterschiedliche Zug-Biegespannungen aufgebracht. Die unter gleichen Bedingungen gefertigten Proben mit einem Martensitgehalt von 60 Vol.% jedoch unterschiedlich aufgebrachten Lastspannungen, konnten so einer Prüfung auf SpRK unterzogen werden.

Die Auswirkung der aufgebrachten Zug-Biegespannung auf die Standzeit der Ringprobe ist in Bild 32 dargestellt. Die Standzeitermittlung erfolgt auch bei dieser Probe über die maximale Rißtiefe in Blechdickenrichtung, so daß als Standzeit die Zeit vom Einlegen der Probe in die $MgCl_2$-Lösung bis zum völligen Durchbruch der Probe eingesetzt wird.

Bild 32 zeigt, daß für martensithaltige Proben die Standzeit mit zunehmender Lastspannung sinkt, wobei auch hier bei der einfachlogarithmischen Darstellung die Meßpunkte auf einer Geraden liegen. Daraus folgt, daß auch in Näpfen mit gleichem Martensitgehalt die Standzeit durch höhere Eigenspannungen vermindert wird. Eine Änderung der Fertigungsbedingungen im Hinblick auf eine Verminderung der Eigenspannungen bei martensithaltigen Näpfen hat jedoch auch meist eine Verminderung des Martensitgehaltes zur Folge. Daher muß bei Maßnahmen zur Verbesserung der Korrosionsbeständigkeit von Näpfen aus austenitinstabilen Werkstoffen immer die Wechselbeziehung von Eigenspannung und Martensitgehalt beachtet werden.

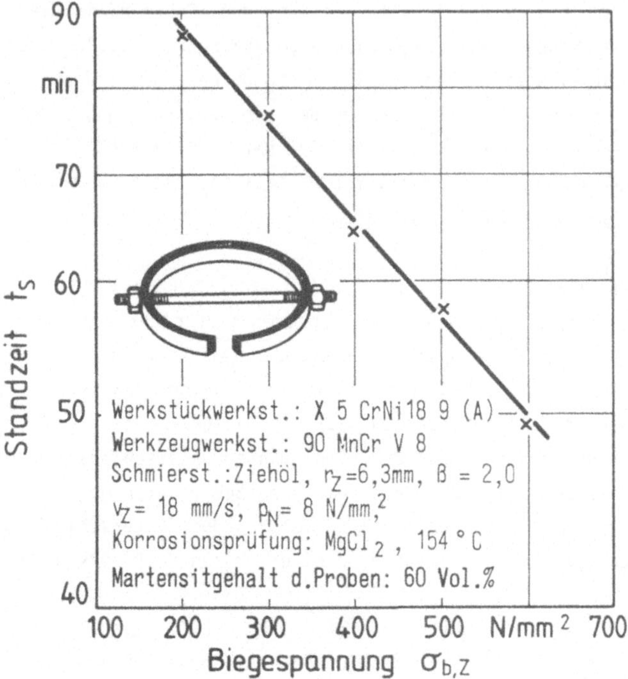

Bild 32: Einfluß der Biegespannungen auf die Standzeit martensithaltiger Ringproben.

6.3.2 Martensitbildung

Die Umformung metastabiler austenitischer Werkstoffe im Temperaturbereich zwischen M_d und M_s bewirkt eine teilweise Umwandlung in Martensit [23, 26, [53, 58]. Hierbei können verschiedene Mechanismen wirksam werden. Der kubischflächenzentrierte Austenit kann direkt in den kubischraumzentrierten Martensit ($\gamma \rightarrow \alpha'$) übergehen. Daneben kann auch die Bildung von hexagonalem ε-Martensit ($\gamma \rightarrow \varepsilon \rightarrow \alpha'$ oder $\gamma \rightarrow \varepsilon + \alpha'$) erfolgen. Diese ε-Phase wird als instabile Übergangsstruktur angesehen, wobei nicht immer eine vollständige Umwandlung wirksam werden muß [59, 60, 61].

Aufgrund der beim Tiefziehen vorherrschenden Formänderungen und Umformtemperaturen ist davon auszugehen, daß die ε-Phase praktisch nicht auftritt. Bei den folgenden Untersuchungen wird daher bei den metastabilen Werkstoffen A und B ein zweiphasiges Gefüge (γ- und α'-Phase) angenommen.

Durch die Bildung von Umformmartensit kann die Gebrauchsfähigkeit der gefertigten Werkstücke beeinträchtigt werden. In Verbindung mit der Phasenumwandlung (kooperative Scherbewegung der Atome) findet eine geordnete Winkel- und Längenänderung statt, die meist von einer Volumenzunahme begleitet ist. Diese Volumenzunahme führt zur Ausbildung von Eigenspannungen zweiter Art, die sich in Abhängigkeit von der Formänderung und der Temperatur zu Eigenspannungen I. Art aufbauen können. Damit ist ein Zusammenhang von Martensitbildung und Eigenspannung gegeben, die für die Korrosionsbeständigkeit der umgeformten Werkstücke wichtig sein kann.

6.3.2.1 Martensitgehaltmessung

Für die zerstörungsfreie quantitative Erfassung der Martensitgehalte wurde eine von Zeller [26] entwickelte Meßeinrichtung eingesetzt. Der Meßaufbau besteht aus einem Ferritgehaltmesser (Dr. Förster), einer Meßbrücke und einem x-y-Schreiber.
Die Ferritgehaltmessung basiert auf dem Permeabilitätstastverfahren. Hierbei werden die dem Ferrit ähnlichen magnetischen Eigenschaften des Martensits genützt. Eine genaue Zuordnung Ferritgehalt - Martensitgehalt und somit eine direkte Erfassung des Martensitgehaltes konnte erfolgen, indem das Gerät über umgeformte Proben mit definiertem Martensitgehalt kalibriert wurde. Die Bestimmung dieser definierten Martensitgehalte erfolgte röntgenographisch.

Bei der Messung des Martensitgehaltes mit der vorhandenen Meßeinrichtung erwies sich als nachteilig, daß bei dünnwandigen Werkstücken zu niedrige Martensitgehalte angezeigt wurden. Vorliegenden Aufzeichnungen über den Zusammenhang zwischen Martensitgehalt und Werkstoffdicke war zu entnehmen, daß der Anzeigefehler erst bei einer Werkstoffdicke von > 2,7 mm ausgeschaltet ist und tatsächlicher und gemessener Martensitgehalt übereinstimmen [26].

Für die Erfassung des Martensitgehaltes in dünnwandigen Werkstücken (s_0 = 1 mm) wurde daher eine Umkalibrierung des Meßgerätes erforderlich. Über die Abhängigkeit des Anzeigefehlers von der Werkstoffdicke konnte eine Beziehung zwischen tatsächlichem und angezeigtem Martensitgehalt für dünnwandige Werkstücke hergestellt und so der Anzeigefehler kompensiert werden.
Dieses zerstörungsfreie Meßverfahren erfaßt die Martensitgehalte über der gesamten Wanddicke. Schädigungen sind jedoch oft vom Oberflächenzustand und den Eigenschaften an der Oberfläche abhängig. Daher wurden vergleichende röntgenographische Messungen* an tiefgezogenen Werkstücken durchgeführt, wodurch eine Aussage über den Martensitgehalt in der Oberflächenschicht ermöglicht werden sollte.

Die röntgenographische Messung wird nach dem Debye-Scherrer-Verfahren durchgeführt. Bei dem zu erwartenden zweiphasigen Gefüge aus Martensit und Restaustenit wird die Probe mit monochromatischer Röntgenstrahlung bestrahlt, wobei von beiden Gefügebestandteilen Röntgeninterferenzen auftreten, deren Intensität den vorliegenden Volumenanteilen proportional ist [62] .

6.3.2.2 Einfluß der Fertigungsparameter

Die Martensitbildung kann durch die Temperatur, den Spannungszustand, die Formänderungen, die chemische Zusammensetzung und die entsprechenden Fertigungsbedingungen beeinflußt werden.
Grundsätzlich sind bei der Umformung von metastabilen austenitischen Werkstoffen mit niedrigerem Nickelgehalt (Werkstoff A) höhere Martensitgehalte zu erwarten. Diese Aussage wird in Bild 33 bestätigt. Mit zunehmendem Abstand von Napfboden nimmt der Martensitgehalt zu, wobei in Abhängigkeit vom Winkel zur Walzrichtung unterschiedliche Maximalwerte auftreten. Auch für den Werkstoff C ist noch eine geringfügige Martensitbildung zu erkennen. Die Gefügeänderung tritt bei diesem Werkstoff etwa gleichmäßig über dem Umfang auf, so daß ein Einfluß der Anisotropie nicht zu verzeichnen ist.

*Institut für Werkstoffkunde I, Karlsruhe
Fraunhofer Institut für Werkstoffmechanik, Freiburg

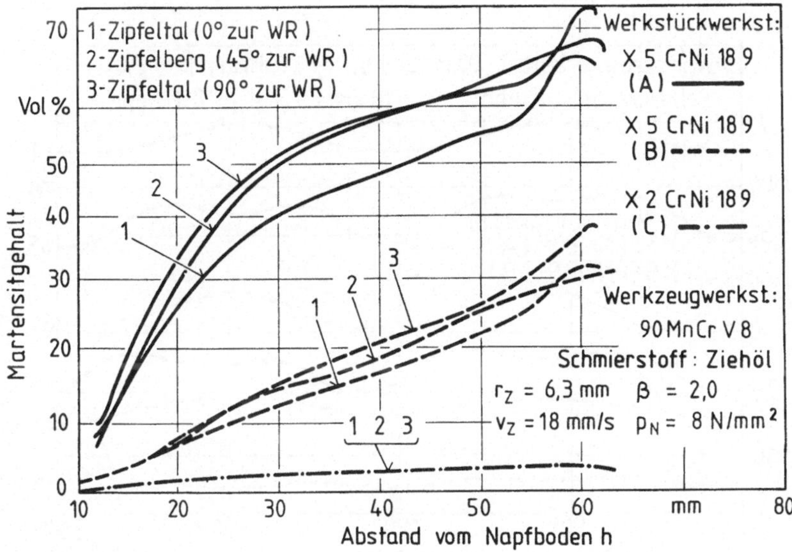

Bild 33: Martensitbildung in Abhängigkeit vom Abstand zum Napfboden für verschiedene Werkstückwerkstoffe.

In Bild 34 ist der Martensitgehalt über dem Umfang für verschiedene Höhen dargestellt. Es zeigen sich unterschiedliche Martensitgehalte in Abhängigkeit vom Winkel zur Walzrichtung. Die geringste Martensitbildung wird bei 0° zur Walzrichtung (Zipfeltal) erreicht. Dagegen sind bei 45° bis 60° (Zipfelberg) und 90° (Zipfeltal) zur Walzrichtung Höchstwerte für die Martensitbildung zu erkennen, wobei vielfach zwischen 45° und 135° zur Walzrichtung kein Minimum festzustellen ist. Diese Erscheinung kann auf die zu kleinen Differenzen im Vergleichsumformgrad zurückgeführt werden. Beim Werkstoff mit niedrigem Nickelgehalt ist dies immer und ausgeprägter zu beobachten.

Bei dieser Martensitverteilung im tiefgezogenen Napf ist mit einer unterschiedlichen Eigenspannungsausbildung sowie mit Auswirkungen auf die Geometrie und Festigkeit zu rechnen, wodurch die Korrosionsbeständigkeit des Werkstückes beeinflußt werden kann.

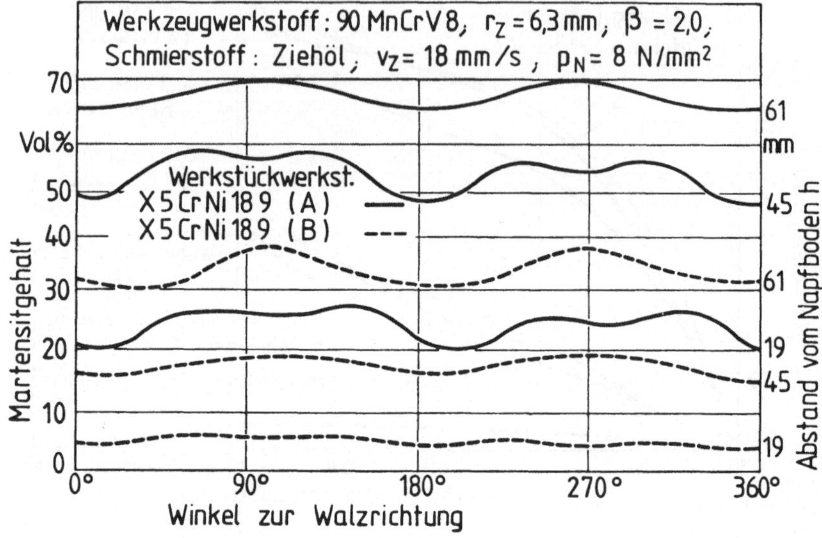

Bild. 34: Martensitbildung in Abhängigkeit vom Winkel zur Walzrichtung für verschiedene Werkstückwerkstoffe.

Da die integrale Erfassung des Martensitanteils mit Hilfe des Permeabilitätstastverfahrens keine Aussage über die Martensitbildung in oberflächennahen Bereichen erlaubt, wurde an einzelnen Werkstücken der Restaustenitgehalt röntgenographisch ermittelt (Bild 35). Für die röntgenographisch ermittelten Werte ist zu erkennen, daß mit zunehmendem Abstand vom Napfboden der Austenitanteil sinkt und damit ein höherer Martensitanteil vorliegt, wobei keine Unterschiede zwischen den Bereichen Zipfeltal (0° z.WR) und Zipfelberg (45° z.WR) festzustellen sind. Die röntgenographischen Messungen waren aufgrund der Textur mit einer großen Unsicherheit behaftet. Bei den Meßwerten mittels Permeabilitätstastverfahren werden nur geringfügige Abweichungen zwischen den unterschiedlich ermittelten Austenitanteilen deutlich, womit auch die gute Genauigkeit der Kalibrierung des Ferritgehaltmessers bestätigt wird.

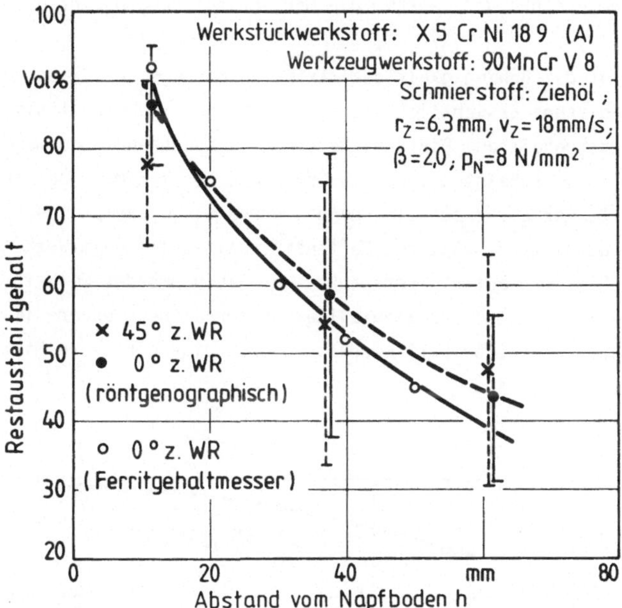

Bild 35: Restaustenitgehalt in Abhängigkeit vom Abstand zum Napfboden bei unterschiedlichen Meßverfahren.

Beim Einsatz eines Werkzeuges aus einer Mehrstoffaluminium-Bronze zur Fertigung der Näpfe waren gegenüber dem Kaltarbeitsstahl keine eindeutigen Veränderungen im Martensitgehalt der Werkstücke festzustellen. Es ergaben sich trotz der unterschiedlichen tribologischen Bedingungen keine Hinweise auf die Bildung von Reibungsmartensit an der Oberfläche.

Geometrische Einflußgrößen

Mit zunehmendem Abstand vom Napfboden (β = 2,0) wurde ein höherer Martensitgehalt in der Napfwand gemessen. Durch die Variation des Ziehverhältnisses wird die nutzbare Napfhöhe verändert, wobei auch hier aufgrund der unterschiedlichen Formänderungen unterschiedliche maximale Martensitgehalte festgestellt werden. Bei der Fertigung von Näpfen mit unterschiedlichen Ziehverhältnissen liegen geringfügig verschiedene Umformbedingungen

(Ziehteiltemperatur) vor, welche die Martensitbildung beeinflussen können.

Bild 36 zeigt die Abhängigkeit des maximalen Martensitgehaltes von den Ziehverhältnissen. Ersichtlich steigt mit höherem Ziehverhältnis der maximale Martensitgehalt an. Die Ursache sind die zunehmenden Formänderungen. Oberhalb β = 1,9 scheint jedoch ein Grenzwert des maximal möglichen Martensitgehaltes erreicht zu sein, da die Kurve einem asymptotischen Verlauf folgt. Die absolute Zunahme des Martensitgehaltes ist beim Werkstoff A niedriger. Dies muß auf die verstärkte Wärmeaufnahme des Werkstoffes und die damit verbundene höhere Ziehteiltemperatur - insbesondere im oberen Zargenbereich - zurückgeführt werden, wodurch eine geringere Martensitbildung begünstigt wird.

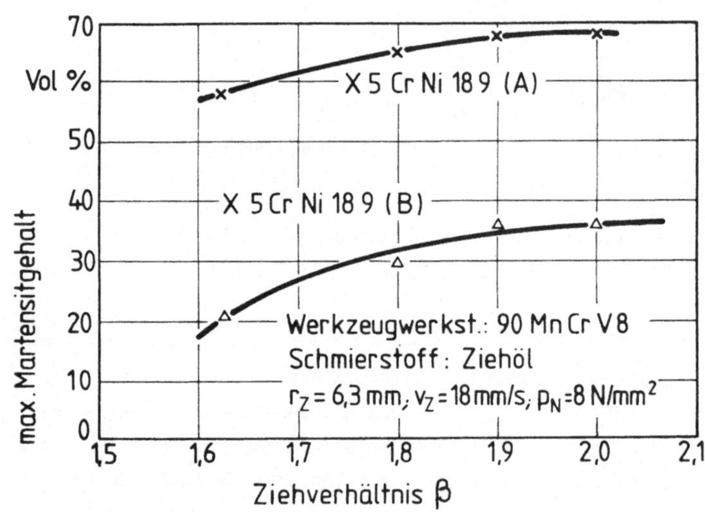

Bild 36: Maximaler Martensitgehalt in Abhängigkeit vom Ziehverhältnis für den Werkstoff X5 CrNi 18 9 bei unterschiedlichem Nickelgehalt.

Ein Einfluß der Ziehkantenradien auf die Martensitbildung konnte mit dem Permeabilitätstastverfahren nicht nachgewiesen werden. Im Prinzip scheint ein Anstieg des Martensitgehaltes aufgrund der größeren Biegung und der damit verbundenen Ziehspannung sowie einer größeren Reibung (Reibungsmartensit) denkbar. Es ist jedoch möglich, daß sich durch die größere Wärmeentwicklung bei kleinerem Ziehkantenradius die Wirkung von temperaturbedingter und spannungsbedingter Gefügeänderung ausgleichen. Der Einfluß kleiner Ziehkantenradien auf die Ausbildung von Reibungsmartensit ist mit dem Permeabilitätstastverfahren nicht zu erfassen. Daher wurde für das Ziehverhältnis $\beta = 2{,}0$ und unterschiedliche Ziehkantenradien der Austenitgehalt an der Werkstückoberfläche mittels röntgenographischer Phasenanalyse gemessen.

Bild 37 zeigt, daß im unteren Bereich der Napfwand im Vergleich zum Ziehkantenradius r_Z = 6,3 mm beim Ziehkantenradius r_Z = 4 mm geringere Restaustenitgehalte und damit höhere Martensitgehalte gemessen wurden. Mit zunehmendem Abstand vom Napfboden nimmt die Differenz zwischen den gemesse-

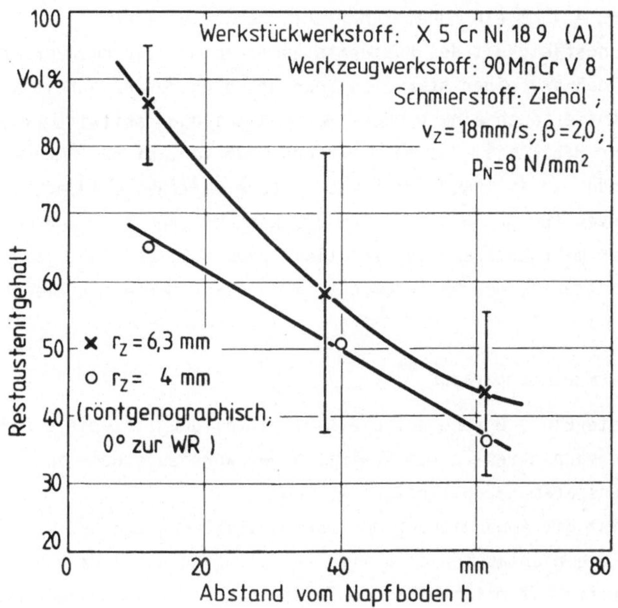

Bild 37: Restaustenitgehalt in Abhängigkeit vom Abstand zum Napfboden bei unterschiedlichen Ziehkantenradien.

nen Restaustenitgehalten für die beiden Ziehkantenradien jedoch ab. Aufgrund der großen Streubereiche der Messungen im oberen Bereich der Napfwand bei maximalen Martensitgehalten ist keine eindeutige Aussage über den Einfluß der Ziehkantenradien auf die Martensitbildung möglich. Dagegen muß im unteren Bereich der Napfwand von einem Einfluß auf die Martensitbildung ausgegangen werden, wobei auch der Temperatureinfluß beachtet werden muß. Zu Beginn des Ziehvorganges werden beim Ziehkantenradius r_Z = 4 mm in Bodennähe infolge der stärkeren Biegung höhere Martensitgehalte vorliegen, da zu diesem Zeitpunkt der Einfluß der Reibungswärme noch keine deutliche Auswirkung zeigt. Mit zunehmendem Abstand vom Napfboden nimmt der Temperatureinfluß zu und führt offensichtlich zu einer Verminderung der Martensitbildung. Eine eindeutige Aussage über die Bildung von Reibungsmartensit ist aufgrund des Streubereiches der Messungen bei einer röntgenographischen Phasenanalyse nicht möglich. Die unterschiedliche Höhe der Restaustenitgehalte für verschiedene Ziehkantenradien, beurteilt nach dem Verlauf der Mittelwerte, läßt aber den Schluß zu, daß beim Ziehkantenradius von r_Z = 4 mm ein höherer Martensitgehalt vorliegt.
Die Umwandlungsfähigkeit des Austenits nimmt ab mit zunehmender Martensitbildung, so daß bei einer stärkeren Beanspruchung des noch rein austenitischen Werkstoffes auch eine größere Martensitbildung auftritt (kleinerer Radius - mehr Martensit). Je mehr Martensit im Verlauf der Umformung schon gebildet wurde, um so träger wird die weitere Martensitbildung, so daß sich die Kurven für große und kleine Ziehkantenradien mit zunehmender Umformung immer mehr annähern und letztlich asymptotisch einem gemeinsamen Grenzwert zustreben, der bei etwa 65 - 70 Prozent Martensit liegen dürfte.

Zieh- und Werkzeugtemperatur

Die wichtigste Einflußgröße auf die Martensitbildung ist die Umformtemperatur. Diese kann direkt durch Erwärmung der Werkzeuge oder indirekt über die Verfahrensparameter beeinflußt werden.
In Bild 38 ist die Abhängigkeit der Martensitbildung von der Werkzeugtemperatur für die nichtaustenitstabilen Werkstoffe A und B dargestellt. Für beide Werkstoffe ist mit steigender Temperatur eine Abnahme der Martensitbildung festzustellen, wobei die asymptotische Annäherung an den martensitfreien Zustand deutlich wird. Bereits nach 60°C wird für den Werkstoff B ein Martensitgehalt gemessen, der beim Werkstoff A erst bei einer Ziehteiltemperatur von 100°C erreicht wird. Je nach Anforderung an das Werkstück

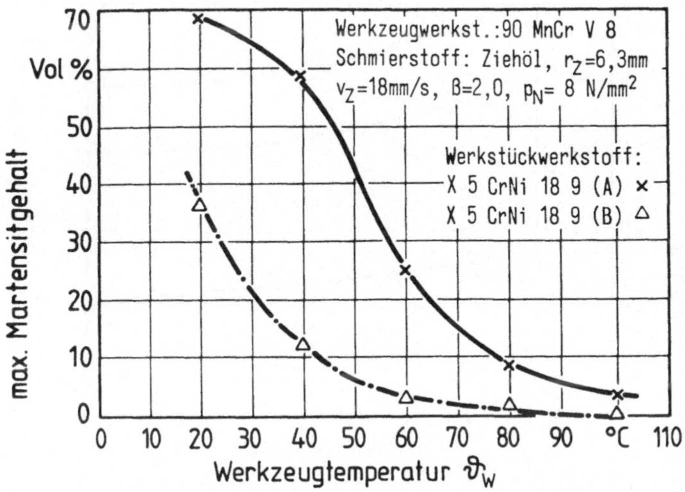

Bild 38: Maximaler Martensitgehalt in Abhängigkeit von der Werkzeugtemperatur.

kann somit das Gefüge über die Wahl der Werkzeugtemperatur beeinflußt und so die Gebrauchseigenschaften für den jeweiligen Anwendungsfall verändert werden.

Ziehgeschwindigkeit

Nach [24] ist im hier gewählten Geschwindigkeitsbereich der Einfluß der Formänderungsgeschwindigkeit auf die Martensitbildung im Vergleich zur damit auftretenden Temperaturentwicklung zu vernachlässigen. Dabei sind sowohl die entstehende Wärmemenge als auch die Vorgänge des Wärmeüberganges während und nach der Umformung von Bedeutung. Bei hohen Ziehgeschwindigkeiten werden höhere Ziehteiltemperaturen erreicht, die eine geringere Martensitbildung zur Folge haben.
Diese Abnahme des Martensitgehaltes in Abhängigkeit von der Ziehgeschwindigkeit wird in Bild 39 für die Ziehverhältnisse β = 1,63 und β = 2,0 bestätigt. Niedrigere Ziehgeschwindigkeiten als v_Z = 18 mm/s konnten auf der zur Verfügung stehenden Maschine nicht eingestellt werden.

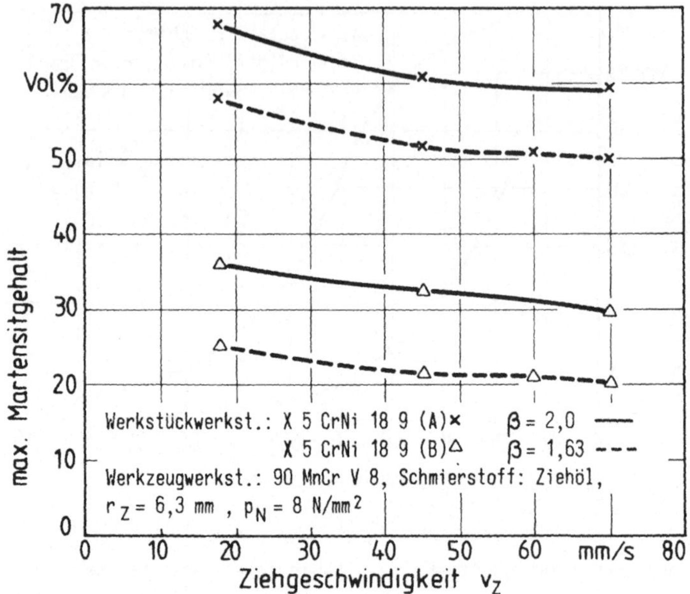

Bild 39: Maximaler Martensitgehalt in Abhängigkeit von der Ziehgeschwindigkeit

Ein Vergleich zu Untersuchungen an dickwandigen Näpfen in [26] zeigt, daß bei dünnwandigen Werkstücken bei gleicher Ziehgeschwindigkeit und ähnlichen Legierungsbestandteilen höhere Martensitgehalte vorliegen. Als Ursache für die höheren Martensitgehalte können die thermischen Verhältnisse angenommen werden. Wegen der dünneren Wanddicke wird der Wärmeübergang erleichtert und die aufgenommene Wärme schneller abgeführt, wodurch eine stärkere Martensitbildung begünstigt wird.

Niederhalterdruck

Die Erhöhung des Niederhalterdruckes hat eine höhere radiale Zugspannung im Flansch und damit gleichzeitig eine höhere Zugspannung in der Zarge zur Folge. Durch diese Spannungserhöhung wird die Martensitbildung begünstigt. Gleichzeitig erfolgt jedoch durch die bei hohen Niederhalterdrücken zu erwartende Reibung eine stärkere Erwärmung, die einer Martensitbildung entgegenwirkt. Damit sind bei der Variation des Niederhalterdruckes gegensätzliche Einflüsse auf die Martensitbildung gegeben, die von den jeweiligen Umformbedingungen beeinflußt werden.

In Bild 40 sind die bei verschiedenen Niederhalterdrücken gemessenen Martensitgehalte dargestellt. Für das Ziehverhältnis $\beta = 2,0$ ist für beide Werkstoffe A und B keine eindeutige Änderung in Abhängigkeit vom Niederhalterdruck festzustellen. Dagegen wurde beim kleinsten eingestellten Niederhalterdruck für das Ziehverhältnis $\beta = 1,63$ weniger Martensit gemessen.

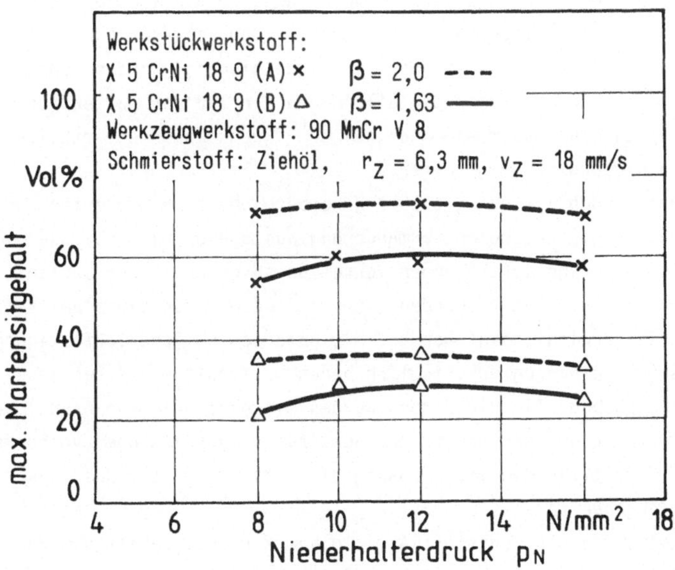

Bild 40: Maximaler Martensitgehalt in Abhängigkeit vom Niederhalterdruck.

Die gemessenen Martensitgehalte lassen darauf schließen, daß beim niedrigsten Niederhalterdruck in Abhängigkeit vom jeweiligen Ziehverhältnis die Martensitbildung durch die Spannung beeinflußt wird. Nach einem Martensitmaximum wird dann die durch den erhöhten Niederhalterdruck bedingte größere Umform- und Reibungswärme wirksam werden und zu einer Verminderung der Martensitbildung führen.

Die tribologischen Bedingungen und damit auch die Reibungswärme können - in engen Grenzen - durch den gewählten Schmierstoff beeinflußt werden. Analog zu den Eigenspannungen wurde keine deutliche Änderung des Martensitgehaltes durch die Variation des Schmierstoffes beobachtet.

6.3.2.3 Martensitbildung und Spannungsrißkorrosion

Bei den nichtaustenitstabilen Werkstoffen ist mit veränderten Martensitgehalten eine Eigenspannungsänderung verbunden, so daß an tiefgezogenen Näpfen die Wechselbeziehung Martensitgehalt und Eigenspannung bei der Beurteilung der Korrosionsbeständigkeit berücksichtigt werden muß (vgl. 6.3.1.3). Eine Aussage über den alleinigen Einfluß der Martensitbildung wird daher zunächst über die auch bei der Eigenspannungsbeurteilung eingesetzten Ringproben vorgenommen.
Die Proben wurden aus dem gleichen Höhenbereich der Näpfe entnommen, so daß von einer gleich großen Formänderung auszugehen war. Für die bei gleich großer Formänderung auftretenden Versetzungsdichten in der austenitischen Phase können die vorherrschenden Unterschiede bei den einzelnen Versuchswerkstoffen vernachlässigt werden. Die unterschiedliche Verfestigung ist daher nur durch den unterschiedlich hohen Martensitgehalt der jeweiligen Ringprobe gegeben. Die Ringproben wurden mit einer Biegespannung von 400 N/mm² verspannt, so daß an der Außenfaser Zugspannungen vorherrschten, und beim Einsatz in die $MgCl_2$-Lösung die Bedingungen für das Einsetzen von SpRK gegeben waren.
In Bild 41 zeigt der Werkstoff A mit einem Martensitgehalt von 60 Vol.% eine deutlich höhere Standzeit als die Werkstoffe B und C. In Relation zum Martensitgehalt liegt auch beim Werkstoff B gegenüber dem Werkstoff C eine höhere Standzeit vor, so daß ein steigender Martensitgehalt einer höheren Standzeit entspricht. Demnach muß dem Martensitgehalt eine korrosionshemmende Wirkung zugeschrieben werden.
Die korrosive Schädigung infolge Spannungsrißkorrosion bei den verschiedenen Versuchswerkstoffen basiert auf einer unterschiedlichen Rißausbildung (vgl. Abschnitt 6.2). Bei höherem Martensitgehalt ist ein überwiegend interkristalliner, und bei nahezu martensitfreien Näpfen ein überwiegend transkristalliner Rißverlauf festzustellen.

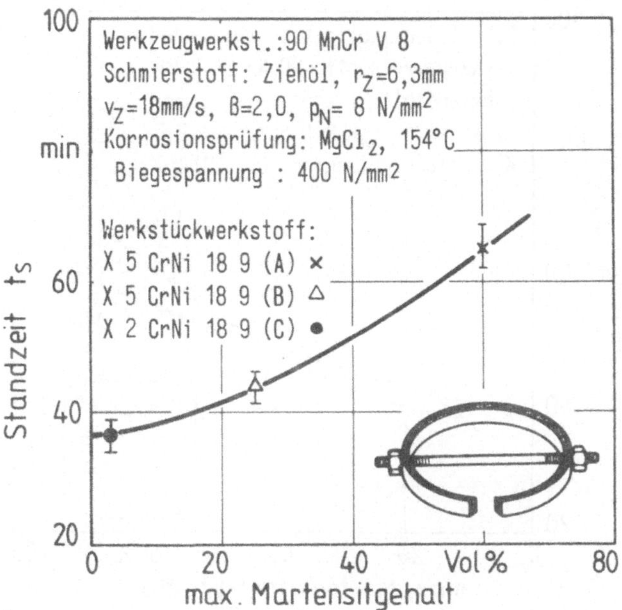

Bild 41: Einfluß des maximalen Martensitgehaltes auf die Standzeit von Ringproben.

Zur Beurteilung des Rißverlaufs wurden die Proben als Querschliffe aus den Napfwänden entnommen. Gleiche Abhängigkeiten der Rißverläufe konnten aber auch an den Ringproben bestätigt werden.
Die Wirkung des Martensits im tiefgezogenen Napf auf die SpRK ist in Verbindung mit der beim jeweiligen Martensitgehalt ermittelten maximalen tangentialen Biegeeigenspannung in Bild 42 gezeigt.

Aus Abschnitt 6.3.1.3 wurde deutlich, daß bei martensitfreien Näpfen mit zunehmender Eigenspannung die Standzeit sinkt. In Bild 42 ist für martensithaltige Näpfe das Gegenteil festzustellen. Trotz höherer Eigenspannung $\sigma_{b,E,t}$ konnten größere Standzeiten der martensithaltigen Näpfe erreicht werden.
Als Einfluß auf die SpRK an tiefgezogenen Werkstücken tritt die Eigenspannung gegenüber dem Martensit bei hohen Martensitgehalten in den Hinter-

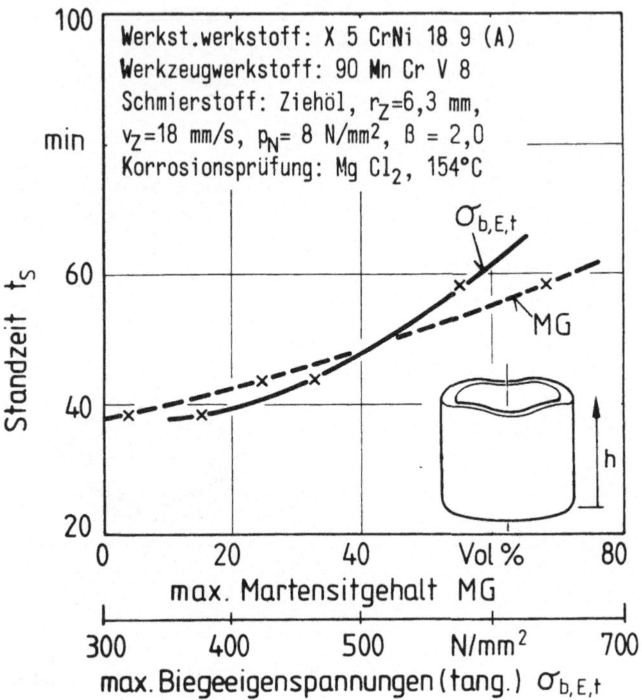

Bild 42: Einfluß des maximalen Martensitgehaltes und der Eigenspannungen auf die Standzeit tiefgezogener Näpfe.

grund. Bei einer vom Martensitgehalt unabhängigen überproportionalen Erhöhung der Eigenspannung kann diese gegenüber dem Martensit auf die korrosive Schädigung (SpRK) verstärkt wirksam werden.

Die Beeinflussung des Martensitgehaltes beim Werkstoff A erfolgte über die Fertigung mit erwärmten Werkzeugen, was ansonsten keine wesentliche Änderung der Versuchsbedingungen zur Folge hat.

6.3.3 Kaltverfestigung

Die mit der Kaltumformung verbundene Verfestigung des Werkstoffes wird

durch die Austenit- und Martensitphase unterschiedlich beeinflußt. Die Beurteilung der Verfestigung und deren Einfluß auf das korrosive Verhalten des Werkstoffes erfolgt über die gemessene Eindringhärte.
Eine größere Formänderung hat eine höhere Verfestigung und somit eine größere Eindringhärte zur Folge, wobei für nichtaustenitstabile Werkstoffe gleichzeitig der Martensitgehalt steigt. Damit der Einfluß des Martensitgehaltes auf die SpRK ausgeschlossen ist, wurde die Auswirkung der Werkstoffverfestigung auf das korrosive Verhalten zunächst an Näpfen aus dem nahezu martensitfreien Werkstoff C untersucht.

Die Eindringhärte wurde an Näpfen mit unterschiedlichen Ziehverhältnissen gemessen, um eine korrosive Schädigung in Bereichen unterschiedlicher Formänderung und somit unterschiedlicher Verfestigung zu erfassen.
In Bild 43 ist die Abhängigkeit der Eindringhärte von der Höhe des Napfes und die Abhängigkeit der Stand- und Anrißzeit von der Eindringhärte dargestellt.

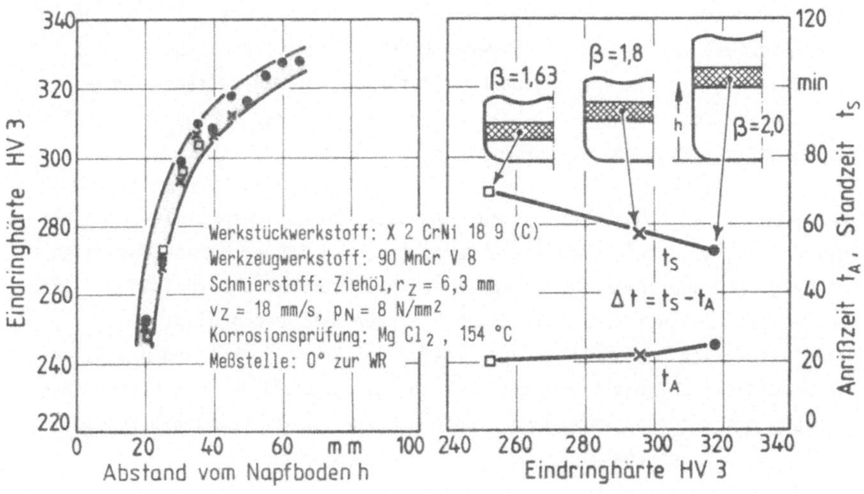

Bild 43: Eindringhärten in Abhängigkeit vom Abstand zum Napfboden und deren Auswirkungen auf die Anriß- und Standzeit bei unterschiedlichen Ziehverhältnissen.

Im linken Bildteil wird deutlich, daß die Eindringhärte des jeweils kleineren Ziehverhältnisses in der gleichen Napfhöhe eines Napfes mit größerem Ziehverhältnis im Bereich eines Streubandes übereinstimmt. Die Eindringhärte und somit die Verfestigung des Werkstoffes steigt mit zunehmender Napfhöhe.
Aus dem rechten Bildteil ist ersichtlich, daß die Anrißzeit, d.h. die Zeit bis zum Auftreten des ersten Anrisses, mit zunehmender Eindringhärte geringfügig ansteigt. Dagegen nimmt die Standzeit mit zunehmender Härte ab. Die Differenz aus Standzeit und Anrißzeit ist die Rißzeit Δt. Bei der kleineren Eindringhärte liegt die größte Rißzeit vor, woraus bei etwa gleicher Wanddicke der Werkstücke die niedrigste Rißgeschwindigkeit resultiert. Mit zunehmender Eindringhärte nimmt die Rißzeit ab und hat gleichzeitig eine höhere Rißgeschwindigkeit zur Folge.

Bedingt durch die höheren Formänderungen im Bereich des Korrosionsangriffes bei größeren Ziehverhältnissen liegen höhere Eigenspannungen vor. Die größere Eigenspannung verursacht bei diesen Näpfen eine steigende Rißempfindlichkeit, obwohl die Streckgrenze durch die Verfestigungsvorgänge angehoben wurde. Im Gegensatz dazu erfolgt der Korrosionsangriff bei geringerer Verfestigung trotz niedrigerer Eigenspannung früher. Bestimmend für die Standzeit ist im vorliegenden Fall für die nahezu martensitfreien Näpfe die Rißgeschwindigkeit, da trotz eines späteren Korrosionsangriffes die Standzeit bei höherer Verfestigung niedriger ist.

Der Zusammenhang, hohe Verfestigung - später Korrosionsbeginn - große Rißgeschwindigkeit sowie niedrigere Verfestigung - früher Korrosionsbeginn - niedrigere Rißgeschwindigkeit wurde auch bei den martensithaltigen Näpfen beobachtet. Bei den martensithaltigen Näpfen war jedoch nicht immer eine eindeutige Aussage über den Einfluß von Korrosionsbeginn und Rißgeschwindigkeit auf die Standzeit möglich, da aufgrund der gegensätzlichen Wirkung oft keine entscheidenden Unterschiede in der Standzeit festgestellt werden konnten.

6.3.4 Oberflächenbeschaffenheit

Die korrosive Schädigung durch SpRK erfolgt durch Einwirken eines chloridhaltigen Mediums auf die Werkstückoberfläche bei gleichzeitig vorherr-

schender Zugspannung. Der Oberflächenzustand kann beim Tiefziehen durch unterschiedliche Fertigungsbedingungen verändert werden, so daß gegebenenfalls die Standzeit der Werkstücke beeinflußt wird.
Je nach Anforderung an die Werkstückoberfläche kann eine zulässige Veränderung der Oberflächenbeschaffenheit durch die Verwendung unterschiedlicher Schmierstoffe bewirkt werden. Die Oberflächenbeschaffenheit unterliegt dann bei fertigungsnahen Bedingungen Veränderungen, wie sie in Bild 44 aufgetragen sind. Dargestellt sind die maximale Rauhtiefe R_t, die gemittelte Rautiefe R_{zDIN} und die gemittelte Glättungstiefe über den Abstand vom Napfboden, sowie die Standzeit bei den verwendeten Schmierstoffen als Balkendiagramm.

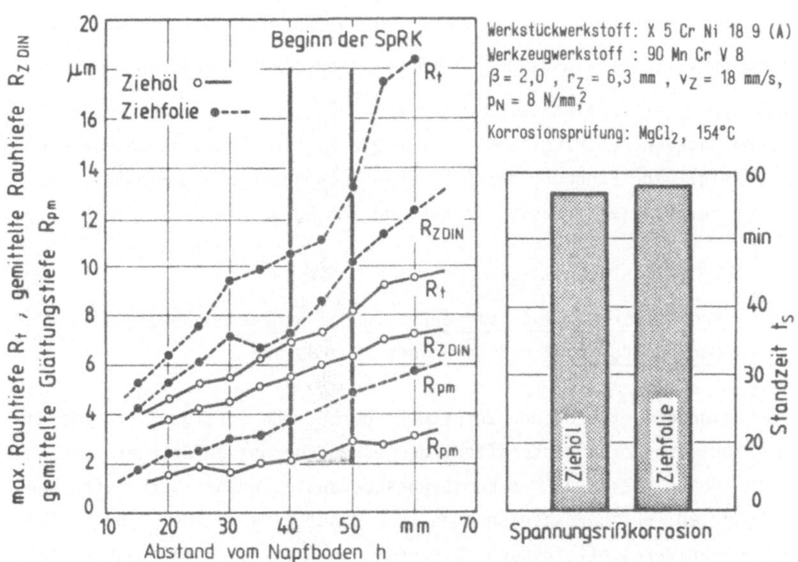

Bild 44: Oberflächenbeschaffenheit in Abhängigkeit vom Abstand zum Napfboden und deren Einfluß auf die Standzeit tiefgezogener Näpfe.

Die wesentlich bessere Oberflächenbeschaffenheit, charakterisiert durch eine geringere maximale Rauhtiefe R_t, gemittelte Rauhtiefe R_{zDIN} und gemittelte Glättungstiefe R_{pm}, zeigt beim Ziehöl gegenüber der Folie keinen

Einfluß auf die Standzeit (vgl. Balkendiagramm). Ergänzende Untersuchungen bei veränderten Fertigungsbedingungen bestätigten dieses Ergebnis. Daraus kann geschlossen werden, daß die Oberflächenbeschaffenheit bei störungsfreier Fertigung keinen Einfluß auf die Ausbildung von SpRK hat.
Eine Einflußnahme auf die Korrosionsbeständigkeit erfolgt durch Oberflächenänderungen, die einer Kaltumformung entsprechen. Kritisch sind hier insbesondere Verletzungen der Oberfläche, die nicht nur eine Schädigung des Passivfilms, sondern auch eine Erhöhung der Zugspannungen verursachen.

Beim Tiefziehen der Werkstücke kann es durch eine unsachgemäße Ausführung zu Werkstoffübertrag vom Werkstück auf das Werkzeug (Ziehkante) kommen. Diese Aufschweißungen führen zu einer Schädigung der Napfoberfläche durch Riefenbildung. Diese Riefenbildung in der Napfaußenwand führt aber nicht bevorzugt zu SpRK. Als Ursache können die durch die örtliche Umformung im Bereich der Riefe induzierten Druckeigenspannungen angesehen werden.

Schädigungen der Napfinnenwand durch Aufschweißungen am Ziehstempel verursachen dagegen bevorzugt SpRK. Durch die Riefenbildung an der Napfinnenwand erfolgt eine Erhöhung der örtlichen Zugspannung an der Außenwand, die eine bevorzugte korrosive Schädigung zur Folge hat.

6.3.5 Wechselwirkung von Kaltverfestigung, Eigenspannung, Martensitbildung und Spannungsrißkorrosion

Die Schädigung tiefgezogener Werkstücke durch SpRK erfolgt durch die Wirkung aller Werkstoffeigenschaften, die einen korrosiven Angriff begünstigen. In Abhängigkeit von den Legierungsbestandteilen der Werkstoffe und den gewählten Fertigungsbedingungen kann daher eine gegenseitige Beeinflussung der Werkstoffeigenschaften untereinander die Korrosionsbeständigkeit der Werkstücke verändern.
Bei der Kaltumformung instabiler austenitischer Stähle kann grundsätzlich davon ausgegangen werden, daß mit höherem Martensitgehalt höhere Eigenspannungen und eine größere Verfestigung des Werkstoffes verbunden sind. Diese Zusammenhänge können für zunehmend instabileres Verhalten der Werkstoffe (abnehmender Nickelgehalt) aus Bild 45 entnommen werden. Dargestellt ist die Abhängigkeit Eindringhärte, Martensitgehalt, maximale Biegeeigenspannung und Standzeit vom Nickelgehalt. Ferner ist festzustel-

len, daß bei sehr hohem Martensitgehalt nur noch ein geringer Anstieg der Härte gemessen wurde. Mit steigendem Nickelgehalt ist bei sinkendem Martensitgehalt, sinkender Eigenspannung und abfallender Härte eine Abnahme der Standzeit festzustellen, die mit dem abnehmenden Martensitgehalt als dominierende Einflußgröße begründet werden kann.

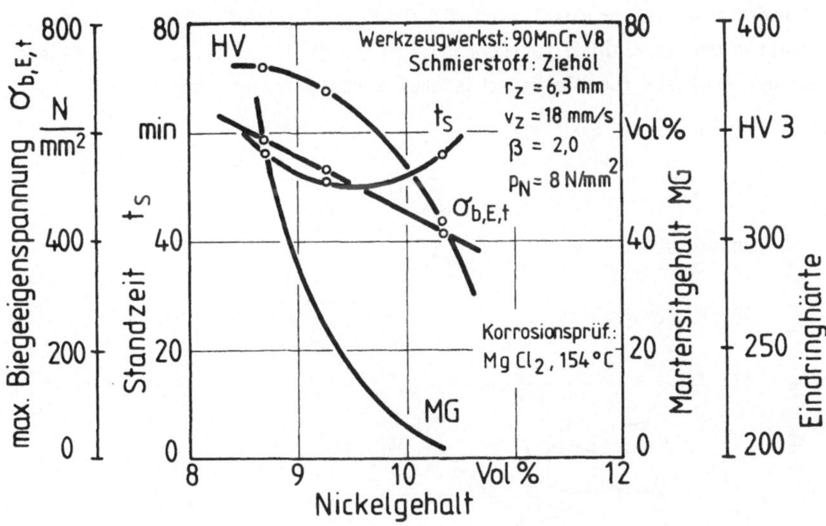

Bild 45: Wechselwirkung der Werkstoffeigenschaften und der Standzeit tiefgezogener Näpfe in Abhängigkeit vom Nickelgehalt.

Ab einem Martensitgehalt von ~ 10 Vol.% , entsprechend einem Nickelgehalt von ~ 9,7 Vol.%, nimmt die Standzeit wieder zu. Bei diesem Martensitgehalt ist davon auszugehen, daß der Einfluß des Martensits gegenüber der abnehmenden Eigenspannung zurücktritt und durch die niedrigere Eigenspannung bei höherem Nickelgehalt eine Verbesserung der Korrosionsbeständigkeit erfolgt.

6.4 Korrosive Schädigung in Abhängigkeit von den Fertigungsparametern

6.4.1 Werkstückwerkstoff

Durch die Auswirkung der unterschiedlichen Legierungsbestandteile der Werkstoffe, insbesondere den Nickelgehalt auf die Gefügeumwandlung bei der Kaltumformung, ist grundsätzlich mit einem unterschiedlichen korrosiven Verhalten der Werkstoffe zu rechnen. In Bild 46 ist die maximale Rißtiefe über der Prüfzeit für die verschiedenen Werkstoffe aufgetragen.

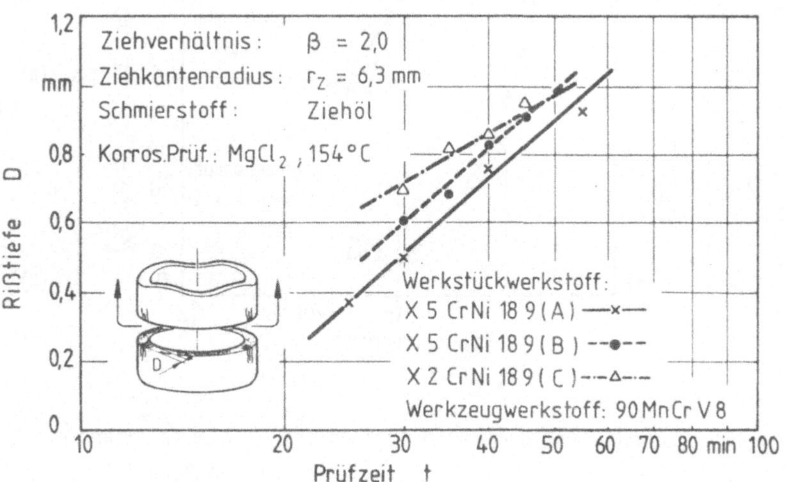

Bild 46: Rißtiefe in Abhängigkeit von der Prüfzeit für verschiedene Werkstückwerkstoffe.

Die Meßwerte sind in einfachlogarithmischer Darstellung auf einer Geraden angeordnet, wobei die Schädigung der Werkstoffe A und B im betrachteten Fall mit etwa gleicher Rißgeschwindigkeit erfolgt. Dagegen ist beim nahezu austenitstabilen Werkstoff C eine niedrigere Rißgeschwindigkeit festzustellen, die auf niedrigere Eigenspannungen zurückgeführt werden kann. Das unterschiedliche Verfestigungsverhalten der Werkstoffe ist für den zeitlich unterschiedlichen Korrosionsangriff der Werkstoffe verantwortlich.

Der nahezu martensitfreie Werkstoff weist im Vergleich zu den Werkstoffen A und B eine geringere Kaltverfestigung auf, wodurch trotz niedrigerer Eigenspannungen der frühzeitige Korrosionsangriff ermöglicht wird. Diese frühzeitige Schädigung wird jedoch im Hinblick auf die Standzeit durch die niedrigere Rißgeschwindigkeit kompensiert.
Aufgrund des niedrigeren Martensitgehaltes und der geringeren Kaltverfestigung im Vergleich zum Werkstoff A setzt für den Werkstoff B die korrosive Schädigung früher ein und führt bei etwa gleicher Rißgeschwindigkeit zu einem schnelleren Versagen. Der Verlauf der Rißgeschwindigkeit wird durch die Wechselwirkung von Verfestigungsvorgängen und höherer Eigenspannungen geprägt, wobei die höhere Eigenspannung offensichtlich für die größere Rißgeschwindigkeit entscheidend ist.

Obwohl die größten Eigenspannungen im Werkstoff A vorliegen, wird aufgrund der korrosionshemmenden Wirkung des höheren Martensitgehaltes die größte Standzeit erreicht. Für den Werkstoff B ergibt sich aus dem geringeren Martensitgehalt in Verbindung mit der hohen Eigenspannung eine kleinere Standzeit.
Die korrosiven Gebrauchseigenschaften der tiefgezogenen Werkstücke können somit durch den Einsatz von nichtaustenitstabilen Werkstoffen des Typs A (niedrigster Nickelgehalt) verbessert werden.

6.4.2 Werkzeugwerkstoff

An tiefgezogenen Näpfen, zu Vergleichszwecken mit dem Werkzeug aus Kaltarbeitsstahl sowie mit einem Werkzeug aus Mehrstoffaluminium-Bronze (Ampco 25) gefertigt, wurden mit den zur Verfügung stehenden Meßeinrichtungen keine deutlichen Unterschiede der Werkstoffeigenschaften festgestellt. Außerdem wurden bei den Korrosionsuntersuchungen keine systematischen Unterschiede in der Standzeit ermittelt.
Als vorteilhaft erweist sich der Einsatz der Mehrstoffaluminium-Bronze jedoch für die Verbesserung der Oberflächenbeschaffenheit und zur Vermeidung von Kaltverschweißungen. Die bessere Oberflächenbeschaffenheit hat aber keinen Einfluß auf die Korrosionsbeständigkeit. Kaltverschweißungen am Werkzeug führen dagegen zu Schädigungen an der Oberfläche der Werkstücke (Riefen, Kerben). Resultiert aus dieser Schädigung eine Erhöhung

der örtlichen Zugspannungen, so kann bevorzugt SpRK einsetzen, die eine kürzere Standzeit zur Folge hat (vgl. Abschnitt 6.3.4).

6.4.3 Ziehverhältnisse und Formänderungsverteilung

Im Bereich der SpRK liegen für die verschiedenen Ziehverhältnisse unterschiedliche Formänderungen vor, die mit ihren Folgeauswirkungen Martensitbildung, Kaltverfestigung und Eigenspannungen ein unterschiedliches Korrosionsverhalten bewirken können.
In Bild 47 sind die Formänderungen φ_l, φ_t und φ_s über dem Abstand vom Napfboden für die Ziehverhältnisse $\beta' = 1{,}63$ und $\beta = 2{,}0$ aufgetragen.

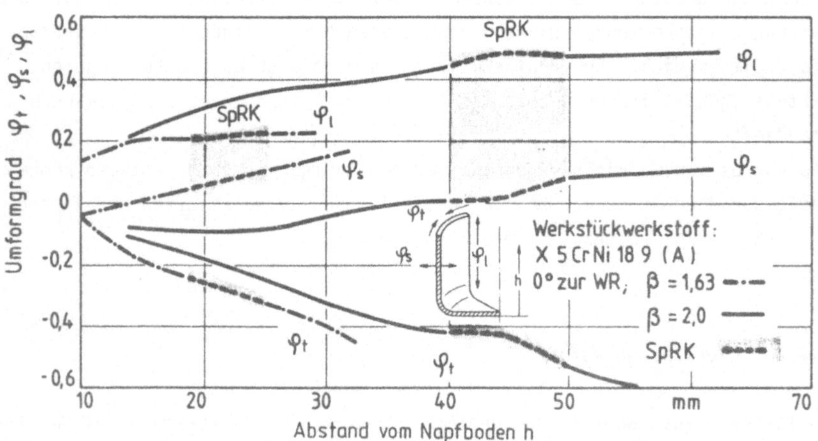

Bild 47: Verteilung der Umformgrade über dem Abstand vom Napfboden und Beginn der SpRK an tiefgezogenen Näpfen mit unterschiedlichem Ziehverhältnis.

Im Bereich des Korrosionsangriffs (markiert) ist für das Ziehverhältnis $\beta = 2{,}0$ die Formänderung in Blechdickenrichtung $\varphi_s = 0$, so daß nach der Gleichung für die metallische Inkompressibilität $\varphi_1 + \varphi_2 + \varphi_3 = 0$ betragsmäßig gleiche Formänderungen in axialer und tangentialer Richtung bestehen

($\varphi_l = -\varphi_t$). Daraus kann jedoch kein bevorzugter Korrosionsangriff abgeleitet und die Rißbildung, die ausschließlich in Zargenlängsrichtung erfolgt, erklärt werden. Ursache für die Rißausbildung in Zargenlängsrichtung sind vielmehr die tangentialen Eigenspannungen, die an der Oberfläche nach der röntgenographischen Analyse nicht deutlich niedriger sind als die axialen, in Verbindung mit dem niedrigeren Martensitgehalt und der Verfestigung des Werkstoffes bei 0° zur Walzrichtung (Zipfeltal). Unter der Einwirkung der höheren Eigenspannungen und der niedrigeren Kaltverfestigung bei 0° zur Walzrichtung erfolgt die Rißausbildung durch SpRK nur in Zargenlängsrichtung entlang den Bereichen geringerer Verfestigung.

Im Bereich des Korrosionsangriffs für das Ziehverhältnis β = 1,63 ist die tangentiale Formänderung die Hauptformänderung. Aus den verschieden großen Formänderungen φ_l und φ_t ergibt sich eine unterschiedliche Verfestigung, die auch hier zusammen mit dem Martensitgehalt und den Eigenspannungen das Korrosionsverhalten bestimmt. Nach einer frühzeitigen Rißausbildung senkrecht zur wirksamen tangentialen Eigenspannung über den ganzen Umfang des Napfes erfolgt durch die Rißbildung senkrecht zur axialen Eigenspannung der Bruch der Napfwand.

In Bild 48 ist der Einfluß der Ziehverhältnisse auf den Korrosionsverlauf und die Standzeit dargestellt. Aus dem linken Bildteil ist zu ersehen, daß der Korrosionsangriff bei kleinem Ziehverhältnis früher erfolgt. Die Rißgeschwindigkeit ist dagegen im Vergleich zu den größeren Ziehverhältnissen niedriger. Die kompensierende Wirkung von frühem Korrosionsbeginn, größerer Rißgeschwindigkeit und umgekehrt, bedingt durch Verfestigung und Eigenspannungen, läßt für den Werkstoff A keine nennenswerten Unterschiede in der Standzeit erkennen.
Im rechten Bildteil sind die Standzeiten bei unterschiedlichen Ziehverhältnissen für die verschiedenen Werkstoffe dargestellt. Die deutlichsten systematischen Unterschiede für die Standzeit in Abhängigkeit vom Ziehverhältnis ergeben sich für den nahezu austenitstabilen Werkstoff C. Für diesen Werkstoff ist mit größerem Ziehverhältnis eine kürzere Standzeit festzustellen. Die Differenz der Standzeiten zwischen den einzelnen Ziehverhältnissen wird dann mit zunehmendem Martensitgehalt der Werkstoffe vermindert, bis für den Werkstoff A keine systematischen Unterschiede mehr deutlich werden. Für die Werkstoffe B und C (abnehmender Martensitgehalt)

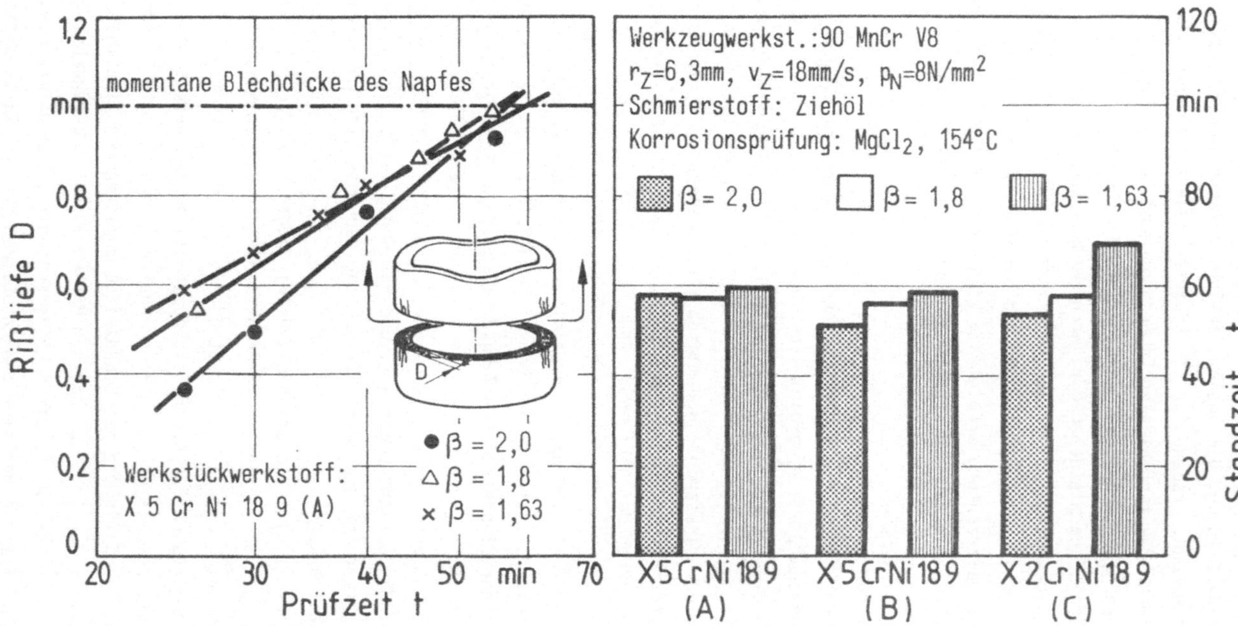

Bild 48: Korrosionsverlauf für verschiedene Ziehverhältnisse und Einfluß der Ziehverhältnisse auf die Standzeit.

sind die höheren Standzeiten bei kleineren Ziehverhältnissen auf die niedrigeren Rißgeschwindigkeiten zurückzuführen.

6.4.4 Ziehkantenradius

Nach den Ausführungen über die Eigenspannungen in tiefgezogenen Näpfen (Abschnitt 6.3.1.2) sinken die Eigenspannungen mit kleiner werdendem Ziehkantenradius, so daß eine direkte Einflußnahme über den Ziehkantenradius auf die Korrosionsbeständigkeit der Werkstücke möglich ist.
Bild 49 zeigt die ermittelte Standzeit bei verschiedenen Ziehkantenradien. Für die drei Versuchswerkstoffe wird ersichtlich, daß mit kleinerem Ziehkantenradius die Korrosionsbeständigkeit (Standzeit) ansteigt. Dabei wird die Höhe der Standzeitdifferenz in Abhängigkeit von den Ziehkantenradien

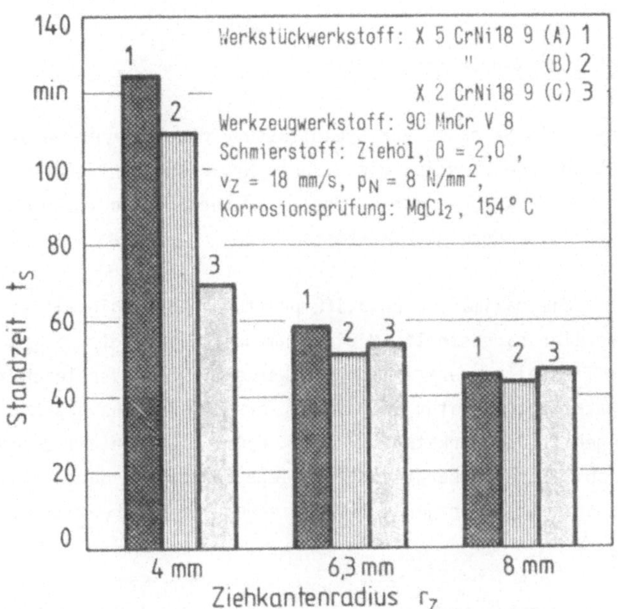

Bild 49: Einfluß des Ziehkantenradius auf die Standzeit für verschiedene Werkstückwerkstoffe.

und den Versuchswerkstoffen, von der Gefügeumwandlung beeinflußt. Der nahezu austenitstabile Werkstoff C zeigt mit kleiner werdendem Ziehkantenradius den geringsten Anstieg der Standzeit, der allein auf die Verminderung der Eigenspannungen zurückzuführen ist. Für die Werkstoffe A und B ist insbesondere zum kleinen Ziehkantenradius r_Z = 4 mm eine steigende Differenz in der Standzeit festzustellen.

Nach der röntgenographischen Bestimmung des Restaustenitgehaltes liegt bei der Umformung mit kleinerem Ziehkantenradius weniger Restaustenit und somit mehr Martensit an der Oberfläche vor, so daß eine andere Verteilung des Martensits über den Querschnitt der Napfwand anzunehmen ist. Höhere Martensitgehalte im Bereich der Napfwandoberfläche in Verbindung mit niedrigeren Eigenspannungen führen dann zu einer erheblichen Verbesserung der Korrosionsbeständigkeit der Werkstücke, die mit kleinem Ziehkantenradius gefertigt werden.

6.4.5 Zieh- und Werkzeugtemperatur

Die wirkungsvollste Maßnahme zur Beeinflussung der Umformtemperatur und der Werkstückeigenschaften ist die direkte Erwärmung der Werkzeuge. Hierbei wird die vom Werkstück während des Umformvorganges aufgenommene Wärme durch die Ziehteiltemperatur charakterisiert.

In Bild 50 ist die maximale Ziehteiltemperatur in Abhängigkeit von der Werkzeugtemperatur dargestellt. Mit zunehmender Werkzeugtemperatur wird die maximale Ziehteiltemperatur für den Werkstoff A im Vergleich zur eingestellten Werkzeugtemperatur um ca. 20°C erhöht. In Abhängigkeit vom höheren Nickelgehalt der Werkstoffe B und C nimmt die Ziehteiltemperatur geringfügig ab. Diese Temperaturunterschiede können von der kleineren Umformarbeit und damit niedrigeren Fließspannung bei höheren Nickelgehalten herrühren.

Der Einfluß der Werkzeugtemperatur auf die Korrosionsbeständigkeit für die verschiedenen Werkstoffe ist aus Bild 51 zu ersehen. Für den Werkstoff A ist die Standzeit bei Raumtemperatur am höchsten und nimmt mit zunehmender Werkzeugtemperatur ab. Diese Tendenz ergibt sich trotz der abnehmen-

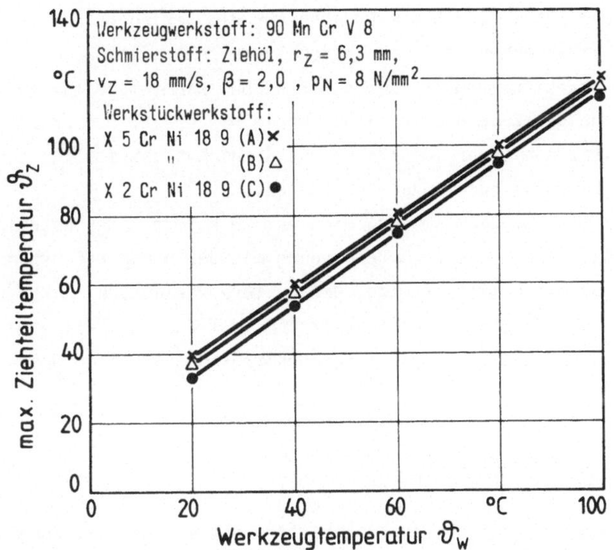

Bild 50: Maximale Ziehteiltemperatur in Abhängigkeit von der Werkzeugtemperatur für verschiedene Werkstückwerkstoffe.

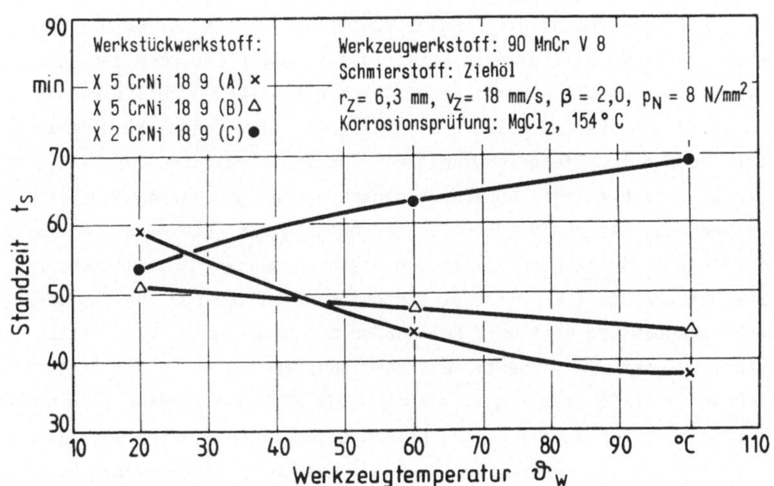

Bild 51: Einfluß der Werkzeugtemperatur auf die Standzeit für verschiedene Werkstückwerkstoffe.

den Eigenspannungen, so daß die Ursache für die geringere Korrosionsbeständigkeit im abnehmenden Martensitgehalt zu sehen ist. Dagegen entsteht bereits bei der Umformung des Werkstoffes C bei Raumtemperatur für die Korrosionsbeständigkeit vernachlässigbar wenig Martensit. Die Erhöhung der Standzeit mit zunehmender Temperatur ist demnach hauptsächlich auf die abnehmenden Eigenspannungen zurückzuführen.
Für den Werkstoff B liegt im Vergleich zum Werkstoff A der niedrigere Martensitgehalt vor, so daß in Verbindung mit der hohen Eigenspannung eine kleinere Standzeit ermittelt wird. Der weitere Verlauf der Kurve zeigt, daß ab einem minimalen Martensitgehalt (im vorliegenden Fall etwa 10 %) der Einfluß der Eigenspannungen auf das Korrosionsverhalten überwiegt.

6.4.6 Ziehgeschwindigkeit

Aus der Erhöhung der Ziehgeschwindigkeit resultiert eine Zunahme der Umformtemperatur, wobei eine geringe Abnahme des Martensitgehaltes und der Eigenspannungen festgestellt werden konnte. Diese lassen für die unterschiedlichen Werkstückwerkstoffe ein geringfügig verändertes Korrosionsverhalten erwarten.
Bild 52 zeigt die Abhängigkeit der Standzeit von der Ziehgeschwindigkeit. Obwohl die Ziehgeschwindigkeit keine so starke Auswirkung auf die Umformtemperatur hat wie eine direkte Beeinflussung durch Erwärmen der Werkzeuge, ist für die untersuchten Werkstückwerkstoffe ein tendenziell gleiches Korrosionsverhalten festzustellen wie in Bild 51. Die höchste Standzeit wird bei der niedrigsten Ziehgeschwindigkeit für den Werkstoff A erreicht. Auch hier wirkt zunächst trotz höherer Eigenspannungen der Martensitgehalt korrosionshemmend. Mit zunehmender Ziehgeschwindigkeit (steigende Umformtemperatur) nimmt die Standzeit aufgrund des abnehmenden Martensitgehaltes ab. Für den Werkstoff C wird das Korrosionsverhalten nur von der veränderten Eigenspannung bestimmt. Bei Näpfen aus dem nahezu austenitstabilen Werkstoff C sinkt die tangentiale Biegeeigenspannung im Geschwindigkeitsbereich von v_Z = 18 mm/s bis v_Z = 70 mm/s um 20 N/mm². Dieser sehr geringe Eigenspannungsunterschied kann keinen eindeutigen Einfluß auf das korrosive Verhalten des Werkstoffes ausüben, was durch die gleichen Standzeiten für die jeweiligen Ziehgeschwindigkeiten bestätigt wird.

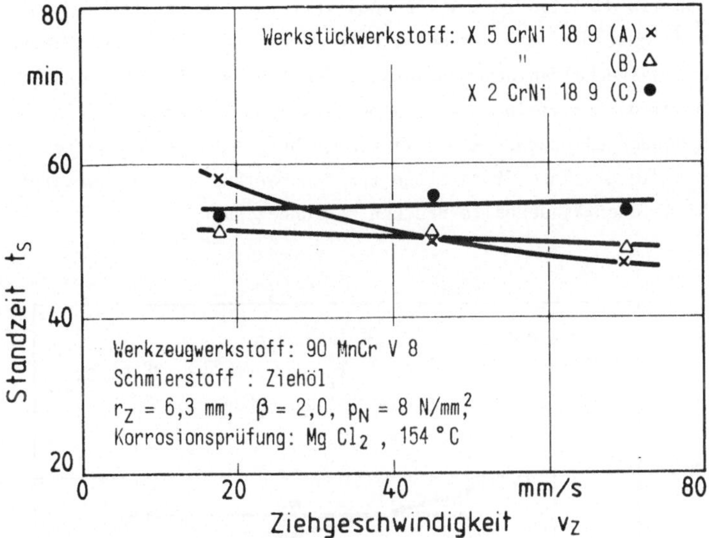

Bild 52: Einfluß der Ziehgeschwindigkeit auf die Standzeit für verschiedene Werkstückwerkstoffe.

6.4.7 Niederhalterdruck

Tangentiale Druckspannungen im Flansch können zu einem Ausknicken mit Faltenbildung führen. In der fertigungstechnischen Praxis wird daher der Niederhalterdruck gerade so hoch gewählt, daß Faltenbildung vermieden wird.

Bei veränderten mikros- und makroskopischen Anforderungen können höhere Niederhalterdrücke verwendet werden. Diese dürfen jedoch nicht die Zugspannung über die Zugfestigkeit des Werkstoffes hinaus ansteigen lassen. Eine verbesserte Oberflächenbeschaffenheit aufgrund höherer Niederhalterdrücke zeigte jedoch keinen veränderten Korrosionsangriff und damit keine bessere Korrosionsbeständigkeit. Daher kann die Standzeit bei verändertem Niederhalterdruck nur über spannungs- oder temperaturbedingte Änderungen des Martensitgehaltes beeinflußt werden.

In Bild 53 ist die Standzeit in Abhängigkeit vom eingestellten Niederhalterdruck dargestellt. Der martensitfreie Werkstoff C zeigt kein verändertes Korrosionsverhalten bei den verschieden eingestellten Niederhalterdrücken. Bei der Ermittlung der Biegeeigenspannungen konnten in Abhängigkeit vom Niederhalterdruck keine wirksamen Unterschiede festgestellt werden, womit die gleichen Standzeiten für den martensitfreien Werkstoff bei unterschiedlichen Niederhalterdrücken begründet sind.

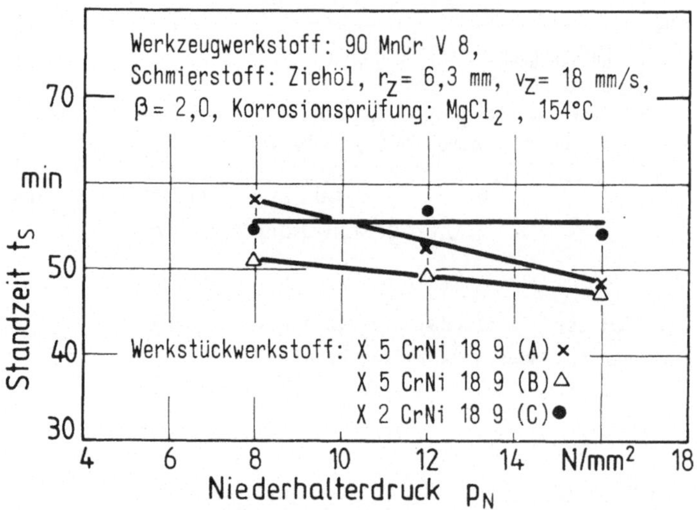

Bild 53: Einfluß des Niederhalterdruckes auf die Standzeit für verschiedene Werkstückwerkstoffe.

Die Standzeiten für die martensithaltigen Werkstoffe A und B nehmen mit zunehmendem Niederhalterdruck ab. Mit dem Permeabilitätstastverfahren konnten keine entscheidenden Unterschiede im Martensitgehalt gemessen werden. Dennoch ist aufgrund des Korrosionsverhaltens davon auszugehen, daß zumindest eine unterschiedliche Martensitverteilung über die Napfwanddicke vorliegt. Geringerer Martensitgehalt im Bereich der Oberfläche kann eine bevorzugte Schädigung durch SpRK verursachen und so zu einer niedrigeren Standzeit führen.

6.4.8 Schmierstoff

Bei der Eigenspannungsermittlung wurden mit der Zerlegmethode keine Änderungen der Eigenspannungen in Abhängigkeit von verschiedenen Schmierstoffen festgestellt. Für den Martensitgehalt konnten geringe Änderungen festgestellt werden, die jedoch keine meßbaren Unterschiede in der Standzeit zur Folge hatten. Der Schmierstoff und seine Auswirkung auf die Werkstückeigenschaften sind somit nicht entscheidend für die Beständigkeit gegen SpRK.

Zur Prüfung, ob die Schmierstoffzusammensetzung die SpRK beeinflussen könnte, wurde zum Vergleich ein Schmierstoff mit einem Chlorgehalt von 55 % eingesetzt. Über die Prüfung im $MgCl_2$-Test konnten damit keine Einflüsse festgestellt werden. Die hohe Chloridkonzentration des Mediums läßt eine derartige Untersuchung nicht zu, so daß keine Aussage über den Einfluß der Schmierstoffzusammensetzung erfolgen kann.

Auch unterschiedliche Entfettungsmethoden zeigten keine Auswirkung auf die SpRK tiefgezogener Näpfe im $MgCl_2$-Test. Die Schmierstoffzusammensetzung und die Entfettungsmethode können allenfalls bei einer Langzeitlagerung für eine korrosive Schädigung von Bedeutung sein.

6.4.9 Korrosionsbeständigkeit rotationssymmetrischer Werkstücke mit Flansch

Tiefgezogene Näpfe mit Flansch unterscheiden sich bei gleichem Ziehverhältnis von Näpfen ohne Flansch im Eigenspannungsbetrag und in der Eigenspannungsverteilung, wodurch ein verändertes Korrosionsverhalten verursacht wird.

In Bild 54 sind die Standzeiten für zwei Orte des korrosiven Angriffs dargestellt. Die SpRK beginnt zunächst im Übergang von Zarge und Flansch. Hierbei erfolgt der Rißverlauf senkrecht zur tangentialen Eigenspannung, die im oberen Zargenrand den Angriff durch SpRK und das frühzeitige Versagen fördert.
Eine weitere Schädigung durch SpRK erfolgt in einer Höhe $h = 20 \pm 5$ mm, wo die axiale Biegeeigenspannung nur noch geringfügig niedrigere Werte im Vergleich zum Maximalwert aufweist. In diesem Bereich liegt über dem ge-

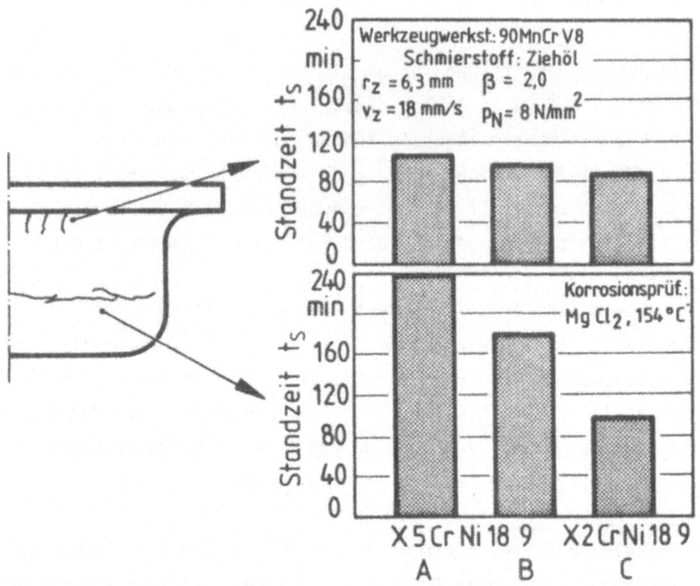

Bild 54: Auswirkung der SpRK auf die Standzeit bei Näpfen mit Flansch.

samten Umfang des Napfes eine Rißbildung senkrecht zur axialen Biegeeigenspannung vor (die im vorliegenden Fall niedriger als die tangentiale Biegeeigenspannung ist!). Durch die unterschiedlich hohen Eigenspannungen in den Orten mit unterschiedlicher Schädigung können damit auch die verschieden hohen Standzeiten erklärt werden.

Ein Vergleich der Standzeiten von Näpfen mit und ohne Flansch (Bild 55) läßt erkennen, daß bei Näpfen mit Flansch wesentlich höhere Standzeiten und somit eine deutlich verbesserte Korrosionsbeständigkeit erreicht wird.

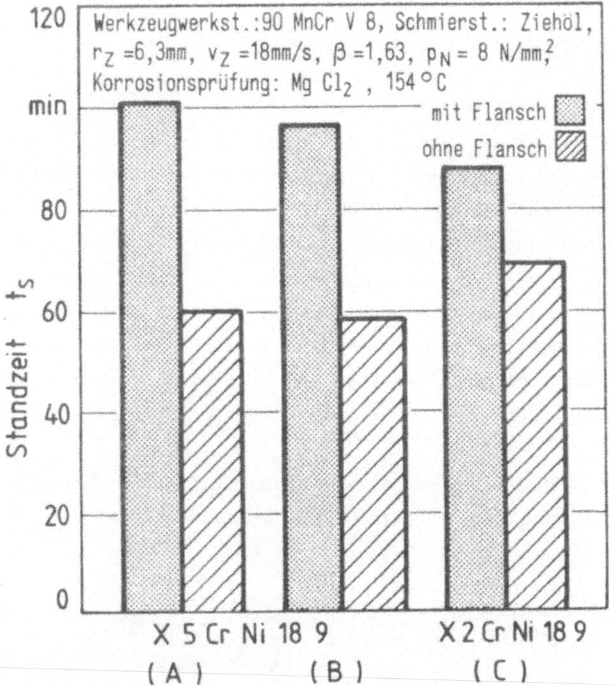

Bild 55: Vergleich der Standzeiten bei Näpfen mit und ohne Flansch.

7 Korrosive Schädigung im Salzsprühtest

7.1 Korrosionsprüfung an U-Biegeproben

Analog zum $MgCl_2$-Test wurden bei der Prüfung mit Natriumchloridlösung in der Salzsprühkammer mindestens drei U-Biegeproben je Versuchspunkt geprüft. Nach einer vorgegebenen Sprühdauer wurde eine lichtmikroskopische Prüfung vorgenommen und im Anschluß daran je nach dem Grad der Schädigung die Probe wieder in die Salzsprühkammer eingesetzt.

Nach einer Prüfzeit von 50 Stunden war bereits eine Schädigung durch Lochkorrosion festzustellen. Auf der Probenoberfläche zeigten sich im unverformten Bereich (Schenkel) nadelstichartige, metallisch glänzende, unregelmäßig verteilte Löcher mit unterschiedlichen Durchmessern und Tiefen.

In Bild 56 sind REM-Aufnahmen verschiedener Lochstellen bei unterschiedlicher Vergrößerung dargestellt. Für beide Werkstoffe wird deutlich, daß

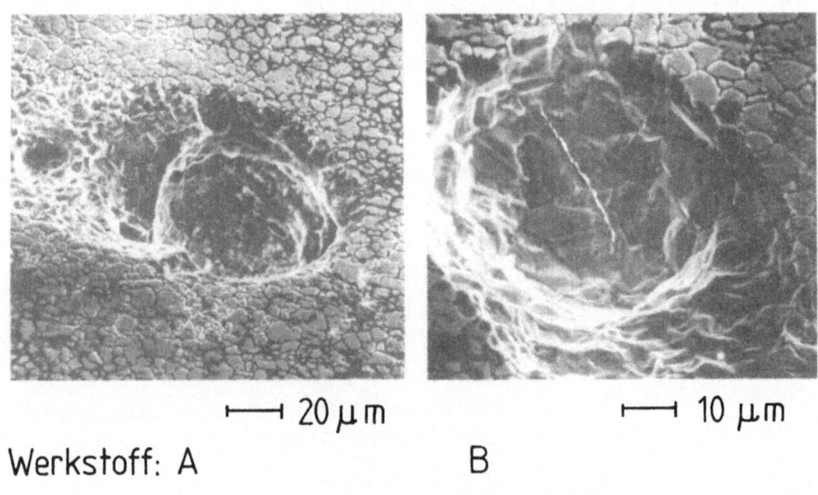

Bild 56: Rasterelektronenmikroskopische Aufnahmen von Lochfraßstellen in unterschiedlichen Versuchswerkstoffen.

die Korrosion einen transkristallinen Verlauf aufweist, wobei der Korrosionsfortschritt verstärkt in Blechdickenrichtung erfolgte.
Mit zunehmender Dauer des Korrosionsangriffes waren vereinzelt größere Lochstellen sowie eine hohe Anzahl kleiner metallisch glänzender Löcher mit Lochdurchmessern von 1 - 3 µm festzustellen. Durch Vereinigung dieser Mikrolöcher bei zunehmender Lochzahldichte entstehen zum Teil größere Löcher mit ausgeprägter Tiefenwirkung, die zu einer starken Schädigung des Werkstückes führen können.
Bei dieser korrosiven Schädigung stand kein geeignetes Meßverfahren zur quantitativen Erfassung der Lochkorrosion zur Verfügung. Die Ermittlung der Lochzahldichte, der maximalen Lochtiefe, der Eindringrate und des Massenverlustes ist teilweise gar nicht möglich oder fehlerhaft. Eine grobe tendenzielle Abschätzung läßt sich allenfalls über die mittlere Lochzahldichte (Anzahl der Löcher pro cm^2) gewinnen.

Beim Werkstoff A war im Vergleich zum Werkstoff C mit steigender Prüfdauer eine höhere Lochzahldichte im Schenkel der Biegeprobe festzustellen. Erst nach 300 Stunden Prüfdauer trat im umgeformten Bereich der U-Biegeprobe (Werkstoff A) vereinzelt Lochfraß auf. Beim Werkstoff C setzte die Schädigung nach ca. 400 Stunden ein.

Die stärkere Schädigung durch Lochkorrosion beim Werkstoff A läßt sich auf den niedrigeren Nickelgehalt zurückführen, wobei im Vergleich zum Biegebogen zunächst ein stärkerer Korrosionsangriff im nicht umgeformten Schenkel vorliegt. Nach 3000 Stunden Prüfdauer überwiegt jedoch die Schädigung im Biegebogen, gekennzeichnet durch ungleich verteilte Lochfraßstellen.

In Bild 57 sind verschiedene Lochfraßstellen im Biegebogen nach 3000 Stunden Prüfdauer dargestellt. Bild 57a zeigt eine deutliche Oberflächenschädigung im Randbereich der Lochfraßstelle, die durch Vereinigung von Mikrolöchern entstanden sein dürfte. Dagegen ist in Bild 57b eine Lochfraßstelle mit nahezu senkrechten Lochwänden dargestellt, ohne erkennbare Oberflächenschädigung im Randbereich. Ferner zeigt die Schliffaufnahme (Bild 57c) den Querschnitt einer Lochfraßstelle, woraus auch die transkristalline Schädigung der Lochwand zu erkennen ist.
Ein Vergleich mit Bild 56 macht deutlich, daß kein wesentlicher Unterschied im Lochdurchmesser bei verschieden vorgegebenen Prüfzeiten vorliegt. Dies

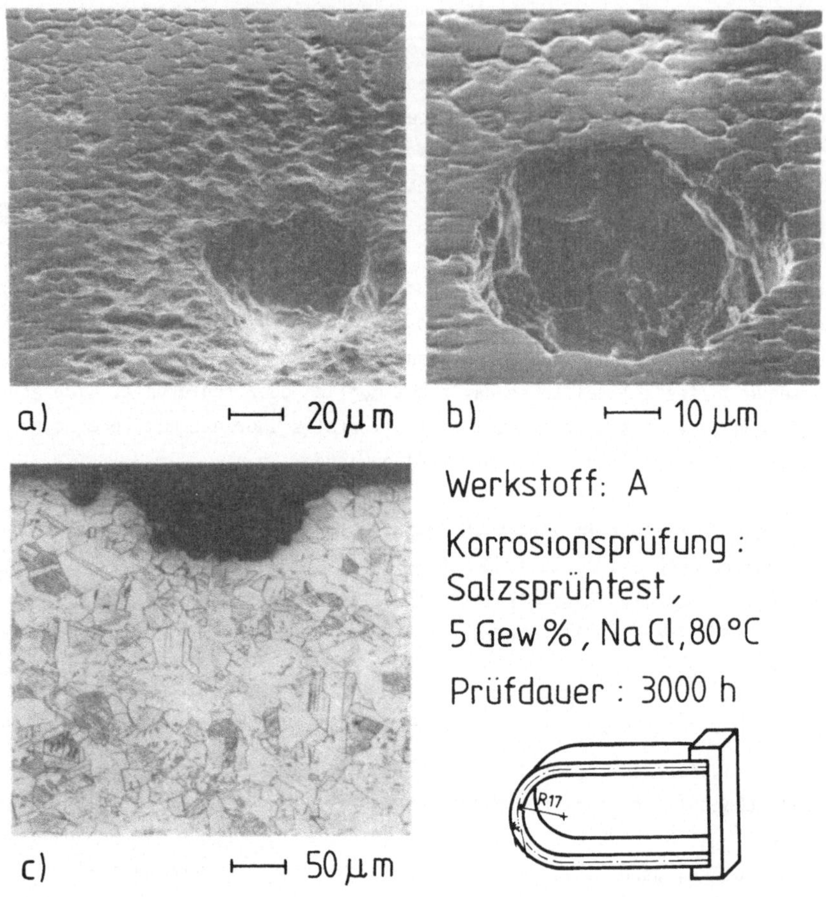

Bild 57: Verschiedene Stadien des Lochfraßes (a, b)
c) Querschliff durch eine Lochfraßstelle.

kann auf den unterschiedlichen Korrosionsbeginn der untersuchten Lochfraßstelle, der Repassivierung, sowie der unterschiedlichen Auswirkung von umgeformten und nicht umgeformten Werkstoffteilen zurückgeführt werden.

Nach 3000 Stunden Prüfdauer war ein deutlicher Unterschied im Korrosionsverhalten der drei verschiedenen Werkstoffe festzustellen. Beim Werkstoff

A wurde im Vergleich zu den Werkstoffen B und C eine höhere Anzahl größerer Löcher im umgeformten Bereich ermittelt, so daß mit abnehmendem Nickelgehalt eine steigende Anfälligkeit gegen Lochkorrosion vorliegt. Darüber hinaus wird in umgeformten Bereichen auch ohne Martensiteinfluß die Lochkorrosionsanfälligkeit bei ausreichend langen Prüfzeiten erhöht.
Eine Schädigung der U-Biegeproben durch SpRK war nicht festzustellen.

7.2 Korrosionsprüfung tiefgezogener austenitischer Werkstücke

7.2.1 Schädigungsarten tiefgezogener Werkstücke

Aufgrund der Ergebnisse der Korrosionsprüfung an Biegeproben muß auch bei der Prüfung an tiefgezogenen Näpfen mit Lochkorrosion gerechnet werden, wobei - bedingt durch die größeren Eigenschaftsänderungen der Werkstoffe - eine stärkere Schädigung zu erwarten ist.

Bereits nach kurzen Prüfzeiten zeigte sich speziell bei den martensithaltigen Näpfen eine ausgeprägte Schädigung durch Lochkorrosion an der Zargenaußenseite und hier besonders am Zargenrand. Dabei lag keine regelmäßige Verteilung der Lochstellen vor. Vielmehr war oft eine konzentrierte Ansammlung von Lochstellen unterschiedlicher Größe festzustellen, die sich mit zunehmender Versuchsdauer zu einem stark geschädigten Bereich ausweiten können.
Eine intensive Schädigung durch Lochfraß, gekennzeichnet durch vereinzelt große Löcher oder eine hohe Lochdichte im Zargenrand, führt zu korrosionsbedingten Folgeschäden. Nach zum Teil kurzen Prüfzeiten werden durch die Kerbwirkung der Lochfraßstellen unter Einwirkung der bestehenden Eigenspannungen Risse ausgelöst, die vordergründig mechanisch ausgelösten Spannungsrissen ähneln. Bild 58a zeigt eine derartige makroskopische Schädigung des Napfes aus dem Werkstoff A (hoher Martensitgehalt). Daneben ist in Teilbild b ein Rißausschnitt mit Rißauslauf dargestellt, wobei aus 58c zu ersehen ist, daß der Riß an den Rändern von Mikrolöchern umgeben ist, welche die Rißbildung fördern.
Nach längeren Prüfzeiten wird auch in der Zarge erkennbar, daß die unregelmäßig verteilte hohe Lochdichte in ihrem Zentrum zu einer massiven Schädigung und Zersetzung des Werkstoffes führt (58d) und in Verbindung

Werkstoff: A

Korrosionsprüfung: Salzsprühtest, 5 Gew %, NaCl, 80°C

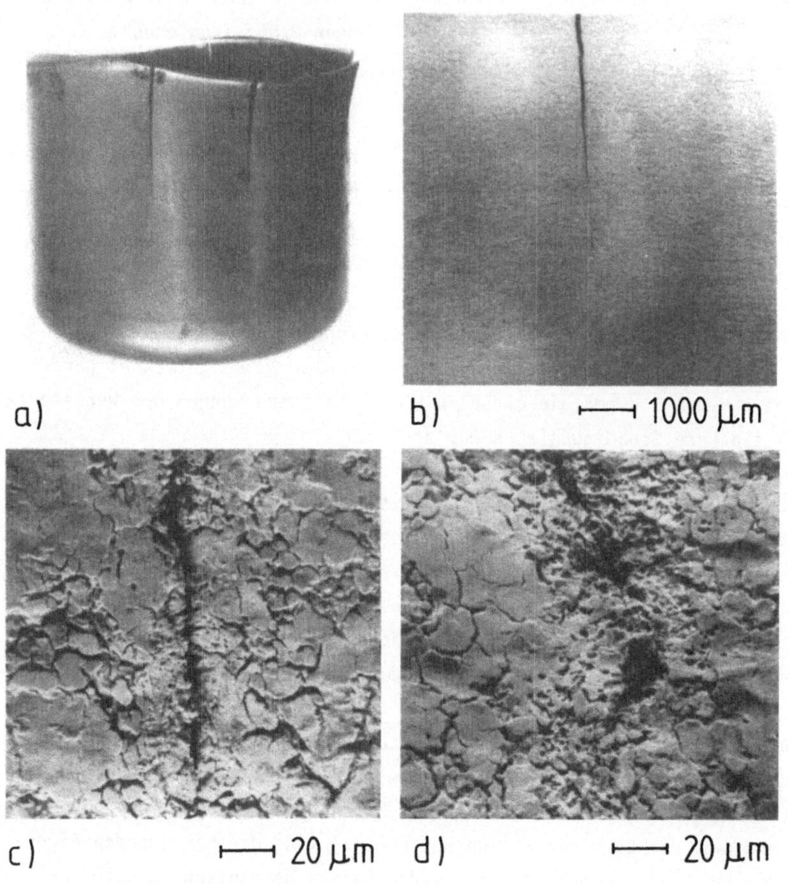

Bild 58: Korrosive Schädigung durch Lochfraß
a) makroskopische Schädigung   b) Rißausschnitt mit Rißauslauf
c) Riß mit Mikrolöchern   d) Mikrolöcher und Lochbildung.

mit den hohen Spannungen rißauslösend wirken kann.

Eine Rißschädigung nach kurzen Prüfzeiten ist in der Regel auf Lochfraß im Zargenrand zurückzuführen. Der Rißfortschritt erfolgt durch die Trennung der Napfwand in Zargenlängsrichtung, wobei die Rißgeschwindigkeit bei hochmartensithaltigen Näpfen größer ist. Die in der Zarge durch Lochfraß ausgelösten Risse weisen gegenüber im Zargenrand ausgelösten Rissen eine niedrigere Rißgeschwindigkeit auf mit stärkerem korrosiven Angriff.

In Bild 59a ist ein im oberen Zargenrand ausgelöster Riß dargestellt. Der unter Spannungseinwirkung entstandene Riß zeigt stellenweise an den für Lochkorrosion sensibilisierten Bruchrändern eine Korrosionseinwirkung. Aus 59b wird im Querschnitt des Rißauslaufes deutlich, daß die Schädigung die Randbereiche der Napfwand nicht erreicht und somit der Werkstoff im Innern der Napfwand stärker geschädigt sein kann. Die in der Zarge ausgelösten Risse führen nicht zu einem spontanen Bruch der Napfwand. Die Untersuchungen zeigten einen kontinuierlichen Rißfortschritt sowohl in Wanddickenrichtung (59c) als auch in Zargenlängsrichtung (59d) unter starker korrosiver Einwirkung.

Die untersuchten Risse weisen keinen spannungsrißähnlichen Charakter und kein durch SpRK bedingtes Rißaussehen im Sinne der $MgCl_2$-Prüfung auf. Es ist davon auszugehen, daß die rißauslösende Wirkung der Lochkorrosion in Verbindung mit der vorherrschenden hohen Eigenspannung den transkristallinen Rißverlauf bestimmt. Hierbei kann der bevorzugte Angriff hoch martensithaltiger Näpfe auf die selektive Zerstörung des Umformmartensits zurückgeführt werden.

7.3 Einfluß der Werkstückeigenschaften und Fertigungsparameter auf die Korrosionsbeständigkeit

Aufgrund des Erscheinungsbildes der Lochkorrosion mit nachfolgender Rißbildung und des Fehlens quantitativer Meßmethoden ist nur eine pauschale Beurteilung der Einflüsse von Werkstückeigenschaften und Fertigungsparametern auf die korrosive Schädigung möglich. Außerdem unterliegt der korrosive Angriff einer großen Unregelmäßigkeit bei jeweils gleichen Versuchsbedingungen, so daß die erfaßten Werte mit großen Schwankungen behaftet sind. Dennoch bietet die Erfassung der Lochzahldichte bei den vorzunehmenden Vergleichsuntersuchungen einen Hinweis auf die Anfälligkeit gegenüber Lochkorrosion.

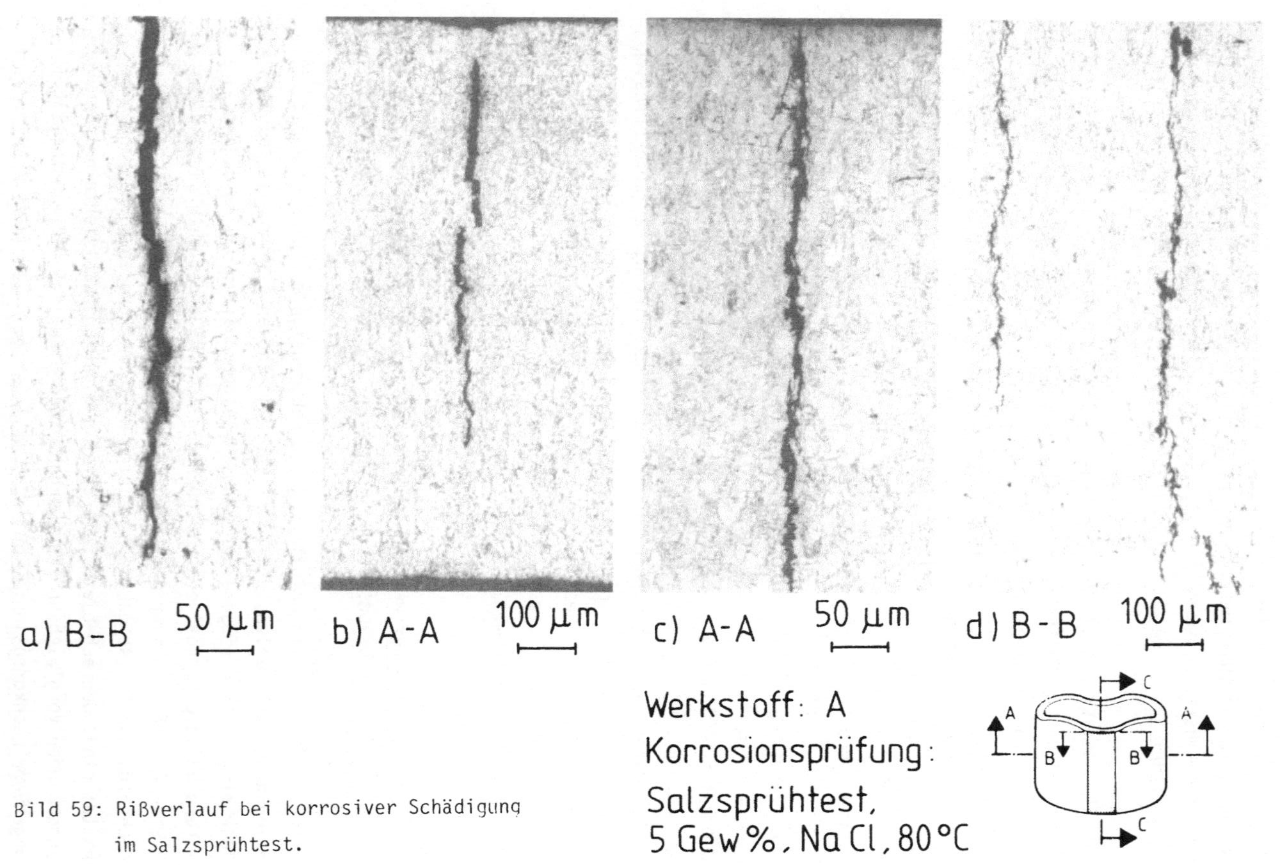

Bild 59: Rißverlauf bei korrosiver Schädigung im Salzsprühtest.

Mit zunehmender Versuchszeit steigt die mittlere Lochzahldichte für alle Werkstoffe, wobei die Zunahme für die austenitstabilen Werkstoffe A und B im Vergleich zum Werkstoff C stärker ist. Als Ursache muß wieder der bestehende Martensitgehalt angesehen werden, der den Angriff durch Lochkorrosion erleichtert. Dabei unterscheiden sich die Werkstoffe A und B nur wenig in der mittleren Lochzahldichte, können aber bei unterschiedlich hohen Korrosionsgeschwindigkeiten und Eigenspannungen zu verschiedenen Standzeiten führen.
Entscheidend für die Gebrauchsuntauglichkeit der Werkstücke ist aber nicht die Lochdichte, sondern die Trennung der Zarge durch die Rißbildung im oberen Zargenrand, womit gleichzeitig das Ende der Standzeit erreicht wird. Die Zeit vom Beginn des Besprühens mit Natriumchloridlösung bis zum ersten sichtbaren Riß im Zargenrand wird im vorliegenden Fall als Standzeit definiert. Bei dieser Vorgehensweise läßt sich die Standzeit zwar nur in groben Grenzen bestimmen, aber es wird eine Aussage über den Einfluß des Martensitgehaltes und der Eigenspannungen ermöglicht.

In Bild 60 ist die Abhängigkeit der Standzeit vom maximalen Martensitgehalt und der maximalen tangentialen Biegeeigenspannung dargestellt. Auf die erfaßten Mittelwerte bezogen nimmt die Standzeit mit steigendem Martensitgehalt ab. Mit steigendem Martensitgehalt liegt aber eine höhere Eigenspannung vor, die ihrerseits die Rißbildung beeinflußt.
Eine Aussage über den Einfluß der Eigenspannung auf die korrosive Schädigung ist mit Hilfe nahezu martensitfreier Näpfe möglich. Die Eigenspannung wurde über die Erwärmung der Werkzeuge beeinflußt. Die dadurch erzielte Eigenspannungsänderung von ca. 70 N/mm² ließ jedoch bei den großen Streuungen der Standzeitwerte keine eindeutige Aussage zu.
Die Korrosionsprüfung an spannungsfrei geglühten Näpfen zeigte aber, daß nach ca. 2000 Stunden Prüfdauer keine lochfraßinduzierte Rißausbildung vorlag. Die Rißausbildung erfolgt somit unter der Einwirkung der Eigenspannung, wobei in Verbindung mit hohen Martensitgehalten immer eine stärkere Schädigung vorliegt.
Die Auswirkung der Fertigungsparameter auf die korrosive Schädigung im Salzsprühtest ist von deren Einfluß auf die Martensitbildung und Eigenspannungen abzuleiten. Bewirkt die Variation der Fertigungsparameter eine wesentliche Erhöhung der Eigenspannungen und des Martensitgehaltes, muß mit kürzeren Standzeiten der Werkstücke im Salzsprühtest gerechnet werden.

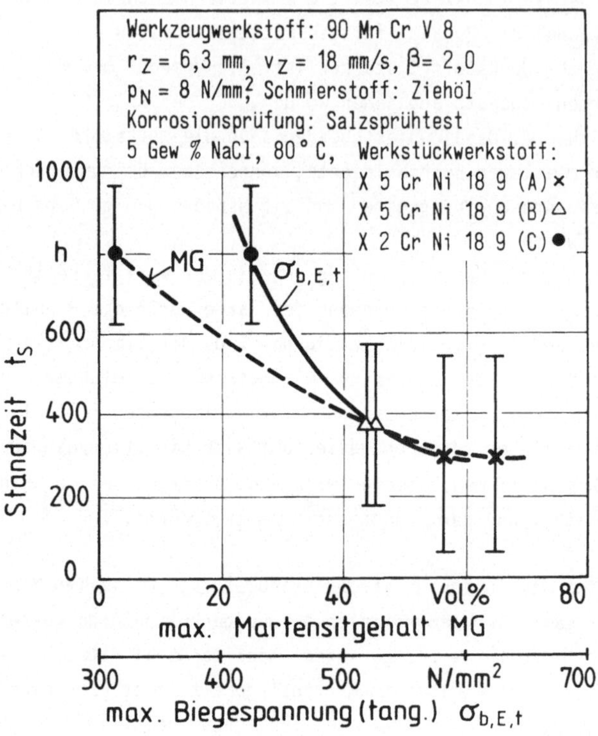

Bild 60: Einfluß der maximalen Martensitgehalte und der maximalen tangentialen Eigenspannungen auf die Standzeit tiefgezogener Näpfe im Salzsprühtest.

8 Folgerungen für die industrielle Anwendung und Maßnahmen zur Vermeidung von Spannungsrißkorrosion

Korrosionsprüfungen im Laborversuch werden häufig zur Werkstoffauswahl für den Bau von Produktionsanlagen eingesetzt. Daraus resultiert die Forderung, den jeweiligen Betriebsbedingungen entsprechende praxisnahe Untersuchungen durchzuführen. Dieser Forderung steht jedoch die Notwendigkeit entgegen, in zeitlich engem Rahmen eine Aussage über die Korrosionsbeständigkeit der Werkstoffe zu ermöglichen. Daher werden im Labor oft zeitraffende Prüfverfahren eingesetzt, die durch verschärfte Korrosionsbedingungen gekennzeichnet sind. Eine Verschärfung der Versuchsbedingungen ist zulässig, wenn die Aussagefähigkeit und Reproduzierbarkeit der Ergebnisse gewährleistet ist und keine grundlegende Änderung der Korrosionsmechanismen bewirkt wird.

Eine Übertragbarkeit von Ergebnissen aus Laborversuchen auf den betrieblichen Anwendungsfall setzt eine weitgehende Übereinstimmung wichtiger Einflußgrößen voraus. Diese Voraussetzung ist aufgrund der praxisfremden hohen Chloridkonzentration im $MgCl_2$-Test nicht gegeben. Daher besteht nur eine eingeschränkte Übertragbarkeit der Ergebnisse, wobei vorausgesetzt wird, daß bei den Korrosionsproblemen der Praxis im Vergleich zum Laborversuch keine Änderung des Korrosionsmechanismus erfolgt.
Unter Berücksichtigung der versuchsbedingten Einschränkungen und Voraussetzungen bietet der $MgCl_2$-Test dennoch die Möglichkeit, Vergleichsuntersuchungen in Abhängigkeit von den Verfahrensparametern beim Tiefziehen vorzunehmen. Diese vergleichenden Untersuchungen zeigen, daß durch eine Variation der Fertigungsparameter die Korrosionsbeständigkeit der Werkstücke beeinflußt wird, und eine Optimierung der Verfahrensparameter im Hinblick auf die Korrosionsbeständigkeit möglich ist.
Maßnahmen zur Verbesserung der Korrosionsbeständigkeit gegen SpRK werden hauptsächlich auf eine Erhöhung des Martensitgehaltes und eine Verringerung der Eigenspannungen zurückgeführt. Daher können schon Auswirkungen der Fertigungsparameter auf die Werkstückeigenschaften zur Beurteilung der Korrosionsbeständigkeit herangezogen werden. Eine wichtige Voraussetzung ist die Kenntnis der Legierungszusammensetzung und des Werkstoffverhaltens, wonach die Wahl der geeigneten Fertigungsparameter erfolgen kann.
Die Umformung von nicht austenitstabilen Werkstoffen sollte im Hinblick auf eine gute Korrosionsbeständigkeit bei den in der Praxis üblichen Tiefziehbedingungen mit möglichst niedriger Ziehgeschwindigkeit erfolgen.

Dagegen ist beim Tiefziehen austenitstabiler Werkstoffe vorrangig der Einfluß der Umformtemperatur auf die Eigenspannungen zu nutzen. Die Erwärmung der Werkzeuge sowie eine hohe Ziehgeschwindigkeit führen zur Verminderung von SpRK. Sowohl für austenitstabile als auch für nicht austenitstabile Werkstoffe empfiehlt sich zur Verbesserung der Standzeit als wirkungsvollste Maßnahme das Tiefziehen mit möglichst kleinem Ziehkantenradius.

Die praxisnahe Korrosionsprüfung im Salzsprühtest kann ebenfalls nur dann zu übertragbaren Ergebnissen führen, wenn unter Betriebsbedingungen ein zumindest ähnlicher Korrosionsvorgang zu erwarten ist. Aufgrund der vom $MgCl_2$-Test stark abweichenden Prüfbedingungen stellt sich eine andere korrosive Schädigung ein, zu deren Vermeidung gegensätzliche Maßnahmen erforderlich sind. Bei einer lochfraßbedingten korrosiven Schädigung müssen im Hinblick auf den bevorzugten Angriff im Martensit und die Rißauslösung unter Wirkung der Eigenspannungen der Martensitgehalt und die Eigenspannungen möglichst herabgesetzt werden. Hierbei muß die Umformung bei möglichst hoher Temperatur erfolgen. Außerdem kann eine Verbesserung der Korrosionsbeständigkeit bei lochfraßbedingter Schädigung durch Verwendung austenitstabiler Werkstoffe erreicht werden.

8.1 Einfluß einer Wärmebehandlung

Durch die Optimierung der Verfahrensparameter werden begrenzte Standzeitverbesserungen erreicht. Eine nachträgliche Wärme- oder Oberflächenbehandlung kann dagegen zu einer erheblich größeren Beständigkeit gegen SpRK führen.

Ziel dieser Nachbehandlung ist der Abbau von Zugeigenspannungen, so daß eine für das Auslösen von SpRK ausreichende Zugspannung an der Werkstückoberfläche nicht mehr gegeben ist.

Bei den ersten Versuchen zum Spannungsfreiglühen wurde eine Temperatur von 650°C und eine Haltedauer von einer Stunde eingestellt. Die Abkühlung erfolgte im geschlossenen Ofen. Die tangentialen Biegeeigenspannungen wurden durch die Glühbehandlung fast vollständig abgebaut (Bild 61). Die geringen Resteigenspannungen von unter 20 N/mm^2 sind im Hinblick auf SpRK nicht mehr als gefährlich einzustufen. Bei der anschließenden Korrosionsprüfung wurde nach einer Prüfdauer von 25 Stunden keine SpRK festgestellt.

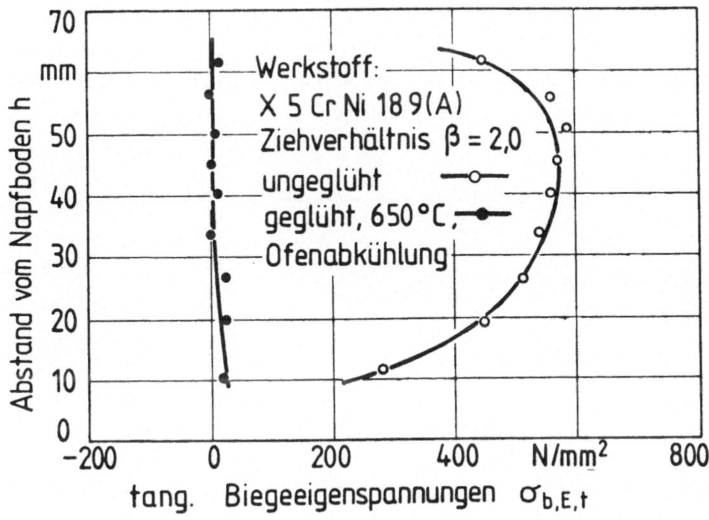

Bild 61: Einfluß der Wärmebehandlung auf die tangentialen Biegeeigenspannungen.

Durch die Wärmebehandlung kann infolge der Chromcarbidausscheidung die interkristalline Korrosionsanfälligkeit gefördert werden [22]. Diese Anfälligkeit war bei dem verwendeten Werkstoff mit einem C-Gehalt von 0,024 % und den eingestellten Glühbedingungen jedoch nicht gegeben.
Bei einer Wärmebehandlung mit 1050°C (Haltedauer 10 min) und anschließendem Abkühlen an Luft sowie Abschrecken in Wasser wurde nach gleicher Prüfzeit ebenfalls keine SpRK beobachtet. Beim Abschrecken muß eine gleichmäßige Abkühlung gewährleistet sein, da sonst infolge der Wärme- und Umwandlungsspannungen die Maßhaltigkeit der Näpfe stark beeinträchtigt wird.

8.2 Einfluß einer Oberflächenbearbeitung

8.2.1 Kugelstrahlen

Das Kugelstrahlen der Werkstückoberfläche bewirkt eine Veränderung des Oberflächenzustandes, wodurch die Korrosionsbeständigkeit erheblich verbessert werden kann. Im Oberflächenbereich werden Druckeigenspannungen induziert, die zu einem Abbau der vor dem Kugelstrahlen vorhandenen Zugeigenspannungen (Bild 62 links) führen. Dabei ist im unteren Napfbereich der Übergang von Zug- in Druckeigenspannungen festzustellen.

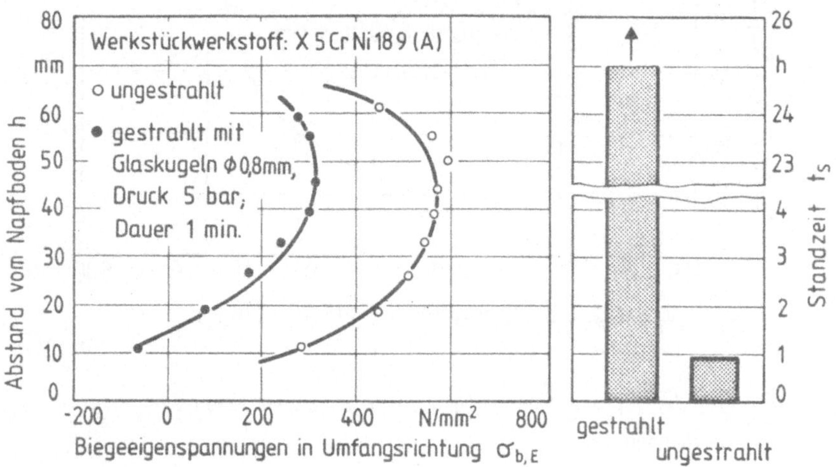

Bild 62: Einfluß des Kugelstrahlens auf die tangentialen Biegeeigenspannungen und die Korrosionsbeständigkeit.

Entscheidend für das korrosive Verhalten (SpRK) ist im vorliegenden Fall jedoch nicht die Verminderung der Zugeigenspannungen, sondern die an der Werkstückoberfläche vorherrschenden Druckeigenspannungen. Die Verbesserung der Korrosionsbeständigkeit wird im rechten Bildteil (Bild 62) bestätigt. Bei der Korrosionsprüfung der ungestrahlten Näpfe wurde eine Standzeit von etwa einer Stunde erreicht. Kugelgestrahlte Näpfe zeigten bei gleichen Prüfbedingungen nach 25 Stunden noch keine korrosive Schädigung durch SpRK.

Mit der Veränderung des Oberflächenzustandes durch Kugelstrahlen ist auch eine höhere Kaltverfestigung und eine Änderung des Gefügezustandes in der Oberflächenschicht verbunden. Der höheren Kaltverfestigung ist infolge des dadurch bedingten späteren Korrosionsangriffs unter der Einwirkung von Zugeigenspannungen eine standzeitverlängernde Wirkung zuzusprechen. Außerdem trägt der mit der Kaltumformung durch Kugelstrahlen geringfügig erhöhte Martensit in der Oberflächenschicht bei den nicht austenitstabilen Werkstoffen zu einer Verbesserung der Korrosionsbeständigkeit gegen SpRK bei. Aussagen über den Einfluß veränderter Korngrenzenverläufe sind nicht möglich.

8.2.2 Bandschleifen

Neben der Umformung durch Kugelstrahlen kann die Beständigkeit gegen SpRK durch geeignete spanende Bearbeitungsverfahren beeinflußt werden. Im folgenden soll daher beispielhaft für die spanenden Bearbeitungsverfahren auf die Korrosionsbeständigkeit einer bandgeschliffenen Oberfläche eingegangen werden.

Bei der Spanabnahme kommt es zu einer plastischen Verformung, die analog zum Kugelstrahlen zu einer Verfestigung der Oberflächenschicht beiträgt und bei nicht austenitstabilen Werkstoffen eine geringe Erhöhung des Mar-

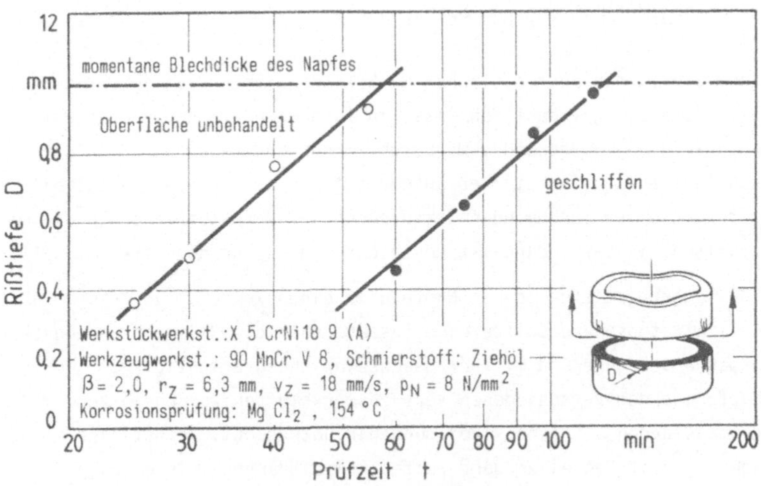

Bild 63: Einfluß einer bandgeschliffenen Oberfläche auf den Korrosionsverlauf und die Standzeit.

tensitgehaltes bewirkt. Im Gegensatz zum Kugelstrahlen erfolgt aber keine entscheidende Beeinflussung des Eigenspannungszustandes, so daß ein dauerhafter Schutz gegen SpRK nicht gegeben ist. Bild 63 ermöglicht über die Rißtiefe in Abhängigkeit von der Prüfzeit eine Aussage über die Standzeit bandgeschliffener Näpfe. Die geschliffenen Näpfe zeigen im Vergleich zu den unbehandelten Näpfen einen deutlich späteren Korrosionsangriff mit etwa gleicher Rißgeschwindigkeit. Aus diesem späteren Korrosionsbeginn bei gleicher Rißgeschwindigkeit resultiert die Standzeitverbesserung der geschliffenen Näpfe.
Alle Oberflächenbearbeitungen, die zu einem Abbau der Zugeigenspannungen bis zur Induzierung von Druckeigenspannungen, Kaltverfestigung und Gefügeänderung der Oberflächenschicht führen, lassen eine höhere Beständigkeit gegen SpRK erwarten.
Da jedoch auf die Umformung folgende Bearbeitungsverfahren die Herstellkosten erhöhen, sollte je nach Anforderung an die korrosive Gebrauchsfähigkeit der Werkstücke zunächst eine Optimierung über die Verfahrensparameter erfolgen.

8.3 Langzeitlagerung und Spannungsrisse

Nach dem Tiefziehen austenitischer Werkstoffe können sich in unregelmäßigen Zeitabständen gelegentlich Risse in Zargenlängsrichtung einstellen. Diese Schädigung, ausgehend vom oberen Zargenrand, ist bei den nichtaustenitstabilen Werkstoffen stärker ausgeprägt als bei den austenitstabilen und wird mit einer zunehmenden Versprödung des Werkstoffes durch die Martensitbildung in Verbindung mit den hohen Eigenspannungen erklärt [25].

Eine Auslagerung tiefgezogener Näpfe über einen Zeitraum von einem Jahr in Werkstattatmosphäre sollte eine Aussage über die Rißauslösung durch Eigenspannungen ohne und mit Korrosionseinwirkung ermöglichen.
Die Näpfe aus den verschiedenen Versuchswerkstoffen wurden in regelmäßigen Zeitabständen auf eine Rißbildung hin untersucht. Selbst nach einer Auslagerungszeit von einem Jahr wurden keine Spannungsrisse festgestellt. Spannungsrisse treten aber, falls überhaupt, im allgemeinen bereits wenige Minuten bis einige Wochen nach dem Ziehvorgang auf. Daher kann nach der vorgenommenen Auslagerungszeit angenommen werden, daß bei den gefertigten Näpfen keine Anfälligkeit gegen Spannungsrisse vorliegt.

Denkbar ist auch, daß unabhängig von einem Korrosionsprüfverfahren im Schmierstoff befindliche Chloride Korrosion auslösen und zu einer Rißbildung führen können. Um dies zu untersuchen, wurde beim Tiefziehen ein Schmierstoff mit sehr hohem Chloranteil eingesetzt, und die so gefertigten Näpfe ungereinigt in Werkstattatmosphäre ausgelagert. Auch in diesem Fall konnten nach einem Jahr keine Risse festgestellt werden. Eine Warmauslagerung einzelner Näpfe bis 200°C über eine Zeit von 50 Stunden ließ ebenfalls keine korrosive Schädigung mit ausgelösten Spannungsrissen erkennen.

9 Zusammenfassung

Mit standardisierten Korrosionstests wurde der Einfluß der Fertigungsbedingungen beim Tiefziehen auf das Korrosionsverhalten nichtrostender austenitischer Stähle mit unterschiedlicher Austenitstabilität untersucht.

Eine übliche Laborprüfmethode auf SpRK stellt der $MgCl_2$-Kochtest nach ASTM G36-73 dar. Er bietet eine gute Vergleichsmöglichkeit und Absicherung der Ergebnisse durch Wiederholversuche.
Bereits nach kurzer Prüfzeit erfolgt eine Schädigung der tiefgezogenen Näpfe durch SpRK. Hierbei wurde die Beurteilung der Korrosionsbeständigkeit über die Standzeit vorgenommen, die anhand der maximalen Rißtiefe in Blechdickenrichtung ermittelt wurde.

Die Korrosionsbeständigkeit wird durch die umformbedingten Eigenschaftsänderungen des Werkstoffes wesentlich beeinflußt. Zur Klärung der Ursachen und Beurteilung des Korrosionsverhaltens wurde deshalb zunächst der Einfluß der Fertigungsparameter auf die Werkstückeigenschaften untersucht.

In Abhängigkeit von den eingesetzten Werkstückwerkstoffen und den Fertigungsbedingungen wurden an den tiefgezogenen Näpfen unterschiedlich hohe Martensitgehalte, Kaltverfestigungen sowie unterschiedlich hohe axiale und tangentiale Eigenspannungen in der Napfwand ermittelt.

Die durch plastische Deformation induzierten Eigenspannungen werden im wesentlichen über die Fließspannung beeinflußt. Fertigungstechnische Maßnahmen, die zu einer Erhöhung der Ziehspannung führen, bewirken eine Abnahme der Eigenspannungen.
Eine wichtige Einflußgröße auf die Änderung der Werkstoffeigenschaften ist die Umformtemperatur. Die Erhöhung der Ziehgeschwindigkeit als indirekte Maßnahme zur Steigerung der Umformtemperatur führt nur zu einer geringen Abnahme der Eigenspannungen. Demgegenüber konnte durch die Erwärmung von Ziehring und Niederhalter bei vorgewärmter Platine eine deutliche Verringerung der Eigenspannungen erzielt werden. Mit steigender Austenitstabilität des Werkstückwerkstoffes (höherer Nickelgehalt) wurden niedrigere Eigenspannungen festgestellt, wobei schon die geringen Unterschiede im Nickelgehalt der Versuchswerkstoffe eine wesentliche Eigenspannungsänderung bewirkten und die Korrosionsbeständigkeit beeinflußten.

Durch Verwendung des Werkstoffes X5 CrNi 18 9 mit einem nach DIN 17440 vorgeschriebenen - an der unteren Grenze liegenden Nickelgehalt - ist eine hohe Martensitbildung für die bei Raumtemperatur tiefgezogenen Näpfe vorgegeben. Eine umfassende Einflußnahme auf die Martensitbildung erfolgte über die Umformtemperatur, wobei durch eine Werkzeugtemperatur von 100°C bei den nichtaustenitstabilen Versuchswerkstoffen nahezu martensitfreie Werkstücke gefertigt wurden.

Bei der Umformung instabiler austenitischer Werkstoffe kann von einer Wechselwirkung zwischen Martensitgehalt, Eigenspannungen und Kaltverfestigung ausgegangen werden. Grundsätzlich ist ein höherer Martensitgehalt mit höheren Eigenspannungen und einer größeren Verfestigung des Werkstoffes verbunden. Eine große Formänderung in Verbindung mit hoher Kaltverfestigung des Werkstoffes hat einen schwächeren Korrosionsangriff zur Folge, wobei aber dieser Vorteil im Hinblick auf die Standzeit häufig durch eine größere Rißgeschwindigkeit kompensiert wurde.

Durch eine veränderte Oberflächenbeschaffenheit der tiefgezogenen Näpfe wird die Korrosionsbeständigkeit nicht beeinflußt. Schädigungen, die zu einer örtlichen Erhöhung der Zugeigenspannungen führen, bewirken dagegen ein frühzeitiges Versagen durch SpRK im Bereich der vorherrschenden Spannungsspitzen.

Das korrosive Verhalten der tiefgezogenen Näpfe wird hauptsächlich durch die Zugeigenspannungen, den Martensitgehalt und die Kaltverfestigung beeinflußt. Die SpRK setzt bevorzugt im Bereich der maximalen Zugeigenspannung ein, wobei in Abhängigkeit vom Ziehverhältnis eine unterschiedliche Rißausbildung zur Schädigung der Näpfe führt.
Grundsätzlich führen hohe Zugeigenspannungen zu einem schnelleren Versagen der Werkstücke durch SpRK. Dabei muß aber in Abhängigkeit von der Austenitstabilität des Werkstoffes eine differenzierte Betrachtung vorgenommen werden. Die Standzeit austenitstabiler Werkstoffe wird hauptsächlich durch die Höhe der Zugeigenspannungen und die Kaltverfestigung beeinflußt. Bei nichtaustenitstabilen Werkstoffen muß zusätzlich die Martensitbildung beachtet werden, die ein verändertes Korrosionsverhalten bewirkt. Nach der Umformung bei Raumtemperatur wurde bei den nichtaustenitstabilen Werkstoffen mit hohem Martensitanteil trotz hoher Eigenspannungen eine hohe Standzeit ermittelt, so daß dem Martensit eine korrosionshemmende Wirkung

zugeschrieben werden kann. Bei der Verminderung des Martensitgehaltes und der Eigenspannungen infolge höherer Umformtemperatur wurde dagegen eine vergleichsweise geringere Standzeit erreicht.
Die deutlichste Verbesserung der Korrosionsbeständigkeit konnte beim Einsatz eines kleinen Ziehkantenradius erzielt werden, wobei die niedrige Eigenspannung in Verbindung mit der Martensitbildung als Ursache für die große Standzeitverbesserung im Vergleich zu größeren Ziehkantenradien angesehen wird.

Durch eine nachträgliche Wärme- oder Oberflächenbehandlung wird die Beständigkeit gegen SpRK erheblich gesteigert. Jedes nachfolgende Bearbeitungsverfahren erhöht jedoch auch die Herstellkosten, so daß bei geringeren Ansprüchen an die Werkstücke schon die Optimierung der Fertigungsparameter beim Tiefziehen zur Verbesserung der Korrosionsbeständigkeit ausreichen könnte.

An den im Salzsprühtest untersuchten Werkstücken wurde kein Versagen durch SpRK festgestellt. Hier erfolgte die korrosive Schädigung durch Lochkorrosion, die eine Lochbildung mit ausgeprägter Tiefenwirkung zur Folge hatte. Die mit den Löchern verbundene Kerbwirkung führte unter der Einwirkung hoher Eigenspannungen zu einem spannungsrißähnlichen Aufreißen der Napfwand. Die Lochkorrosion wurde verstärkt bei hochmartensithaltigen Näpfen beobachtet, so daß von einem bevorzugten Angriff des Martensits mit nachfolgendem Aufreißen der Napfwand auszugehen ist.

Die Erfassung der Standzeit bei dieser Art der korrosiven Schädigung unterlag großen Schwankungen, so daß eine systematische Abhängigkeit von den Fertigungsbedingungen nicht eindeutig ermittelt werden konnte. Bei Fertigungsbedingungen, die zu einer Verminderung des Martensitgehaltes und zum Abbau der Eigenspannungen führen, wird aber eine deutliche Verbesserung der Korrosionsbeständigkeit im Salzsprühtest erzielt.

Beim $MgCl_2$-Kochtest und dem Salzsprühtest wird ein jeweils unterschiedliches Beanspruchungskollektiv wirksam, das eine unterschiedliche korrosive Schädigung zur Folge hat. Die Optimierung der Fertigungsparameter im Hinblick auf eine Verbesserung der Korrosionsbeständigkeit erfordert daher eine systematische Analyse der korrosiven Beanspruchung und die Kenntnis der Legierungsbestandteile des verwendeten Werkstoffes. Erst dann können die jeweiligen Fertigungsparameter beim Tiefziehen so eingestellt werden, daß eine hohe Korrosionsbeständigkeit der gefertigten Werkstücke ohne Nachbehandlung erreicht wird.

Schrifttum

[1] Herbsleb, G.; Engell, H.J.: Untersuchungen über die Lochfraßkorrosion des passiven Eisens in chloridhaltiger Schwefelsäure. Werkstoff und Korrosion 5 (1966) S. 365 - 376.

[2] Weber, J.; Hiltbrunner, K.: Praxisbezogene Korrosionsprüfungen - Übertragbarkeit auf das Betriebskorrosionsverhalten von Bauteilen. Vortragsband "Einsatz korrosiv beanspruchter Bauteile und Systeme wirksam planen und sichern", TAE Esslingen, 30. Nov. bis 1. Dez. 1983.

[3] Kaesche, H.: Die Korrosion der Metalle. Zweite Auflage, Berlin/ Heidelberg/New York: Springer 1979.

[4] Ternes, H.: Die Spannungsrißkorrosion von Eisenlegierungen unter besonderer Berücksichtigung nichtrostender austenitischer Stähle. Werkstoffe und Korrosion 14 (1963) 9, S. 729 - 739.

[5] Hirth, F.W.; Naumann, R.; Speckhardt, H.: Zur Spannungsrißkorrosion austenitischer Chrom-Nickel-Stähle. Werkstoffe und Korrosion 24 (1973) 5, S. 349 - 355.

[6] Staehle, R.W.: Montage of Prozesses operating during SCC. Corrosion 23 (1967) S. 202 - 203

[7] Spähn, H.; Steinhoff: Vergleichende Betrachtungen zur Spannungs- und Schwingungsrißkorrosion. Werkstoffe und Korrosion 20 (1969) 9, S. 733 - 749.

[8] Engell, H.J.; Speidel, M.O.: Ursachen und Mechanismen der Spannungsrißkorrosion. Werkstoffe und Korrosion 20 (1969) 4, S. 281 - 300.

[9] Class, I.: Überblick über das Gebiet der SpRK. Werkstoffe und Korrosion 16 (1965) 4, S. 277 - 309.

[10] Schaarwächter, W.: Grundlagen der transkristallinen Spannungsrißkorrosion nichtrostender austenitischer Stähle. Seminarband Neuere Entwicklungen in der Blechbearbeitung, Forschungsgesellschaft Umformtechnik mbH., Stuttgart, 19. bis 20. Juni 1984.

[11] Staehle, R.W.: Stress Corrosion Cracking of the Fe-Cr-Ni-Alloy-System, the Theory of Stress Corrosion in Alloys. Nato Science Committee Research Evaluation Conference, Brüssel 1971, S. 223 - 288.

[12] Pickering, H.W.; Swann, P.R.: Corr. NACE 19 (1963) Aus: Kaesche,H.: Die Korrosion der Metalle, zweite Auflage, Seite 323, Berlin/Heidelberg/New York: Springer 1979.

[13] Nakayama, T.; Takano, M.: Unmittelbare Beobachtungen der Spannungsrißkorrosionsspitzen an nichtrostendem Stahl AISI 304 in siedender 42%iger $MgCl_2$-Lösung, Corrosion, Houston, 37 (1981) 4, S. 226 - 231.

[14] Herbsleb, G.; Ternes, H.: Untersuchungen über den Ablauf der Spannungsrißkorrosion an austenitischen Chrom-Nickel-Stählen in Magnesiumchloridlösungen. Werkstoffe und Korrosion 20 (1969) 5, S. 379 - 388.

[15] Brauns, E.; Ternes, H.: Untersuchungen über die transkristalline Spannungsrißkorrosion austenitischer Chrom-Nickel-Stähle in heißen Chloridlösungen. Werkstoffe und Korrosion 19 (1968) 1, S. 1 - 19.

[16] Louthan, M.R.: Initial Stages of SCC in Austenitic Stainless Steels. Corrosion 21 (1965) 9, S. 288 - 294.

[17] Hines, J.G.: The Development of Stress Corrosion Cracks in Austenitic Cr-Ni-Steels. Corrosion Science 1 (1961) 1, S. 1 - 20.

[18] Elsener, B.: Was ist Korrosion? Vortragsband "Einsatz korrosiv beanspruchter Bauteile und Systeme wirksam planen und sichern", TAE Esslingen, 30. Nov. bis 1. Dez. 1983.

[19] Uhlig, H.H.: Korrosion und Korrosionsschutz, Akademie-Verlag Berlin, 1975.

[20] Lange, K.: Lehrbuch der Umformtechnik, Band 3, Blechbearbeitung, Berlin/Heidelberg/New York, Springer: 1975.

[21] Keul, E.: Das Tiefziehen rost- und säurebeständiger Stähle, Blech 11 (1962), S. 600 - 604.

[22] Schierhold, P.: Nichtrostende Stähle. Verlag Stahleisen mbH., Düsseldorf, 1977.

[23] Küppers, W.: Beitrag zum Einfluß der Austenitstabilität auf das Verhalten nichtrostender CrNi-Stähle bei der Kaltumformung. Dr.-Ing. Diss. TU-Clausthal 1969.

[24] Materna, C.: Auswirkungen des Austenitzerfalls auf die Fließkurve unstabiler austenitischer Werkstoffe. Dr.-Ing. Diss., TU-Berlin 1967.

[25] Fritz, H.: Untersuchung über das Tiefziehen austenitischer Bleche im Anschlag. Dr.-Ing.-Diss., TU-Berlin 1970.

[26] Zeller, R.: Änderung der Werkstoffeigenschaften beim Ziehen von zylindrischen Hohlkörpern aus austenitischen nichtrostenden Stählen. Berichte aus dem Institut für Umformtechnik, Universität Stuttgart, Nr. 42. Essen: Girardet 1976.

[27] Kerspe, J.H.: Abstreckgleitziehen von nichtrostenden austenitischen Stählen. Berichte aus dem Institut für Umformtechnik, Universität Stuttgart, Nr. 53. Berlin/Heidelberg/New York: Springer 1980.

[28] Schmitz, K.-W.: Beitrag zum Tiefziehen von unterschiedlich stabilen austenitischen Werkstoffen bei gezielter Temperaturführung. Dr.-Ing.-Diss., TU-Clausthal 1974.

[29] Peiter, A.: Eigenspannungen I. Art. Michael Triltsch Verlag Düsseldorf, 1966.

[30] Siebel, E.; Mühlhäuser, W.: Eigenspannungen beim Tiefziehen. Mitteilungen der Forschungsgesellschaft Blechverarbeitung, Nr. 21, Nov. 1954.

[31] v. Finckenstein, E.; Herold, U.: Ermittlung von Umform-Eigenspannungen an blechförmigen Werkstücken. Blech Rohre Profile 29 (1982) 10, S. 401 - 406.

[32] Pelczynski, Tadeusz.: Korozja naprezeniowa wyfloczek ze stali 1 H 18 N 9 T (Die Spannungskorrosion von Näpfen aus Stahl 1 H 18 N 9 T) Obrobka Plastyczna Tom XIII Zeszyt 2, 13 (1974 2, S. 67 - 72.

[33] Burkart, E.R.; Myers, J.R.; Saxer, R.K.: Effect of Cold Work on Stress Corrosion of Type 309 Austenitic Stainless Steel. Corrosion 22 (1966), 1, S. 21 - 22.

[34] Wiegand, H.; Hirth, F.W.; Naumann, R.; Speckhardt, H.: Beitrag zur Spannungsrißkorrosion. Werkstoffe und Korrosion 22 (1971) 7, S. 619 - 630.

[35] Greeley, P.J.; Russo, V.J.; Saxer, R.K., Myers, J.R.: The Effect of Cold Work on the Stress-Corrosion Cracking of Type 302 Austenitic Stainless Steel Corrosion 21 (1965), 10, S. 327 - 331.

[36] Süry, P.: Untersuchungen zum Einfluß der Kaltverformung auf die Korrosionseigenschaften des rostfreien Stahls X 2 CrNi Mo 18 12, Material und Technik 4 (80), S. 163 - 175.

[37] Cigada, A.; Mazza, B.; Pedeferri, P.; Solvago, G.; Sinigaglia, D.; Zanini, G.: Spannungsrißkorrosion von kaltverformten, austenitischen, nichtrostenden Stählen. Corrosion Science 22 (1982) 6, S. 559 - 578.

[38] Dean, S.W.: Review of Recent Studies on the Mechanism of Stress Corrosion Cracking in Austenitic Stainless Steels, Stress Corrosion - New Approaches, ASTM STP 610, 1976, S. 308 ff.

[39] Schreiber, F.; Engell, H.-J.: Bildung und Einfluß von α'-Martensit auf die SpRK von Chrom-Nickel-Stählen. Werkstoffe und Korrosion 23 (1972) 2, S. 175 - 179.

[40] Randak, A.; Trautes, F.-W.: Über den Einfluß der Austenitstabilität von 18/8-Chrom-Nickel-Stählen auf die Verformungseigenschaften und auf das Korrosionsverhalten dieser Stähle. Werkstoffe und Korrosion 21 (1970) 2, S. 97 - 109.

[41] Edeleanu, C.: Transgranular Stress Corrosion in Chromium-Nickel Stainless Steels. Journal of the Iron and Steel Institute, Bd.173 (1953), S. 140 - 146.

[42] Borchers, H.: Tenkhoff, E.: Über den Einfluß der Oberflächenbeschaffenheit auf das SpRK-Verhalten von Al zu Mg-Gußlegierungen. Zeitschrift für Metallkunde 59 (1968) 1, S. 58 - 62.

[43] Herbsleb, G.: Einfluß der Oberflächenbeschaffenheit auf die Beständigkeit nichtrostender, austenitischer Cr-Ni-Stähle gegen transkristalline SpRK. Werkstoffe und Korrosion 24 (1973) 10, S. 867 - 872.

[44] Kaesche, H.: Spannungsrißkorrosion. Korrosion 22, Verlag Chemie GmbH, Weinheim/Bergstraße 1968.

[45] Proceedings of Conference. Fundamental Aspects of Stress Corrosion Cracking. The Ohio State University, 11 - 15 Sept. 1967.

[46] Horn, E.-M.; Kuron, D.; Gräfen, H.: Lochkorrosion an passiven Legierungssystemen der Elemente Eisen, Chrom und Nickel. Zeitschrift für Werkstofftechnik 8 (1977), S. 37 - 55.

[47] Kojucharov, W.; Pantschev, B.: Korrelation zwischen der beschleunigten Bewitterung. Werkstoff und Korrosion 22 (1971). S. 1023.

[48] Tödt, F.: Korrosion und Korrosionsschutz, S. 3181, de Gruyter: 1961.

[49] Parkings, R.N.; Mazza, F.; Royala, J.J.; Scully, J.C.: Methoden zur Prüfung der Spannungsrißkorrosion. Werkstoffe und Korrosion 23 (1972), S. 1020.

[50] Eijnsbergen, H.F.H. van: Der Korrosionsschutz feuerverzinkten Stahls im Meeresklima. Industrie-Anzeiger 93 (1971), S. 2606.

[51] Orth, H.: Korrosion und Korrosionsschutz. Wissenschaftliche Verlagsgesellschaft Stuttgart, 1974, S. 203.

[52] Eichelmann, G.H.; Hull, F.C.: The Effect of Composition on the Temperature of Spontaneous Transformation of Austenitic to Martensite in 18-8 Type Stainless Steel. Transaction of the ASM 45 (1953), S. 77 - 104.

[53] Angel, T.: Formation of Martensite in Austenitic Stainless Steels. Journal of the Iron and Steel Institute (1954), S. 165 - 174.

[54] Eckel, J.F.: Stress Corrosion Crack Nucleation and Growth in Austenitic Stainless Steels, Corrosion 18 (1962), S. 270 - 276.

[55] Macherauch, E.; Wohlfahrt, H.; Wolfstieg, K.: Zur zweckmäßigen Definition von Eigenspannungen, Härterei-Technische Mitteilungen 28 (1973) S. 201 - 211.

[56] Shimahashi, Y.; Saito, K.: Residual stresses in deep drawn cups and sunk tubes IUTAM Symposium "Metal forming plasticity", 28. August bis 3. September 1976.

[57] Müller, P.; Macherauch, E.: Das $\sin^2\Psi$-Verfahren der röntgenographischen Spannungsmessung. Zeitschrift für angewandte Physik 13 (1961), S. 305 - 312.

[58] Schuhmann, H.; von Fircks, H.-J.: Die martensitischen Umwandlungen in kohlenstoffarmen austenitischen Chrom-Nickel-Stählen. Archiv Eisenhüttenwesen 40 (1969), S. 561 - 568.

[59] Schuhmann, H.: Gefügeausbildung von Legierungen mit doppelter Martensitbildung. Neue Hütte 13 (1968) 7, S. 420 - 423.

[60] Nilson, H.; Schüller, H.-J.; Schwaab, P.: Epsilon- und Alpha-Martensit in Mangan- und Chrom-Nickel-Stählen. Praktische Metallographie 6 (1969), S. 269 - 278.

[61] Peppler, P.: Einfluß der Fertigungsbedingungen auf die Eigenschaften kaltgezogener Drähte aus Chrom-Nickel-Stählen. Dr.-Ing.-Diss., TH-Darmstadt, 1978.

[62] Macherauch, E.; Wohlfahrt, H.: Prinzipien der quantitativen röntgenographischen Phasenanalyse (RPA). Härtereitechnische Mitteilungen 27 (1972),S. 230 - 232.

[63] Weiergräber, M.; Gräber, A.: Werkstoffeigenschaften dünnwandiger tiefgezogener Näpfe aus nichtrostenden austenitischen Stahlblechen. Blech Rohre Profile 32 (1985) 1/2, S. 77 - 82.

[64] ASTM Designation: G 36-73, Standard Recommended Practice for Performing Stress - Corrosion Cracking Tests in a Boiling Magnesium Chloride Solution reapproved 1979.

[65] ASTM Designation: G 30-79, Making and Using U-Bend-Stress Corrosion Test Specimens.

[66] ASTM Special Technical Publication No. 264, Report on: Stress-Corrosion Cracking of Austenitic-Chromium-Nickel Stainless Steels.

[67] DIN 8584: Fertigungsverfahren Zugdruckumformen, Blätter 1 - 6, April 1971.

[68] DIN 17440: Nichtrostende Stähle. Gütevorschriften, Dez. 1972.

[69] DIN 50905: Korrosion der Metalle, Blatt 1 und 2, Januar 1975.

[70] DIN 50021: Sprühnebelprüfung mit verschiedenen Natriumchlorid-Lösungen. Mai 1975.

Unveröffentlichte Studien- und Diplomarbeiten am Institut für Umformtechnik: R. Balbach, A. Gräber, Th. Herlan, S. Kirmse, Th. Oberländer.

Berichte aus dem Institut für Umformtechnik der Universität Stuttgart

Herausgeber Professor Dr.-Ing. Kurt Lange

1 **Untersuchung über den Einfluß der Belastungszeit auf die Streuung der Rückfederung von Biegeteilen**
Von Dipl.-Ing. Klaus Tafel. 70 Seiten Text u. 64 Seiten mit 49 Bildern u. 15 Tafeln. Vergriffen

2/3 **Untersuchungen über das freie Napfen**
Von Dipl.-Ing. Gerhard Schmitt und Dipl.-Ing. Dieter Schmoeckel.
Untersuchungen über den Kraft- und Arbeitsbedarf sowie den Umformwirkungsgrad beim Vorwärts-Vollfließpressen von Stahl
Von Dipl.-Ing. Dieter Kast. 40 Seiten Text u. 43 Seiten mit 47 Bildern u. 5 Tafeln. 28,— DM

4 **Untersuchungen über die Werkzeuggestaltung beim Vorwärts-Hohlfließpressen von Stahl und Nichteisenmetallen**
Von Dipl.-Ing. Dieter Schmoeckel. 72 Seiten Text u. 117 Seiten mit 179 Bildern. 39,— DM

5 **Untersuchungen über das Stauchen und Zapfenpressen**
Von Dipl.-Ing. Märten Burgdorf. 126 Seiten Text u. 58 Seiten mit 138 Bildern u. 4 Tafeln. 55,— DM

6 **Untersuchungen über die Streuung der Kräfte und Arbeiten beim Fließpressen in der laufenden Fertigung und den Einfluß der Phosphatschichtdicke und des Schmiermittels**
Von Dipl.-Ing. Hans-Dietrich Witte. 38 Seiten Text u. 48 Seiten mit 49 Bildern. 30,— DM

7 **Untersuchungen über das Rückwärts-Napffließpressen von Stahl bei Raumtemperatur**
Von Dipl.-Ing. Gerhard Schmitt. 132 Seiten Text u. 93 Seiten mit 130 Bildern u. 5 Tafeln. 34,— DM

8 **Die Abbildegenauigkeit beim Biegen im 90°-V-Gesenk und ihre Beeinflussung durch Nachdrücken im Gesenk**
Von Dipl.-Ing. Eckart Dannenmann. 50 Seiten Text u. 31 Seiten mit 28 Bildern u. 1 Tafel. Vergriffen

9 **Untersuchungen über den Zusammenhang zwischen Vickershärte und Vergleichsformänderung bei Kaltumformvorgängen**
Von Dipl.-Ing. Hans Wilhelm. 50 Seiten Text u. 35 Seiten mit 37 Bildern u. 2 Tafeln. Vergriffen

10 **Untersuchungen über das Abstreckziehen von zylindrischen Hohlkörpern bei Raumtemperatur**
Von Dipl.-Ing. Rolf K. Busch. 86 Seiten Text u. 92 Seiten mit 97 Bildern. Vergriffen

11 **Vorgänge beim elektromagnetischen und elektrohydraulischen Umformen von metallischen Werkstücken**
Von Dipl.-Ing. Herbert Müller. 90 Seiten Text u. 110 Seiten mit 93 Bildern u. 10 Tafeln. 22,— DM

12 **Ein Verfahren zur näherungsweisen Berechnung des Spannungs- und Formänderungszustandes beim Fließen starrplastischer Werkstoffe**
Von Dipl.-Ing. Gerhard Adler. 124 Seiten Text u. 76 Seiten mit 72 Bildern. Vergriffen

13 **Modellgesetzmäßigkeiten beim Rückwärtsfließpressen geometrisch ähnlicher Näpfe**
Von Dipl.-Ing. Dieter Kast. 101 Seiten Text u. 73 Seiten mit 60 Bildern u. 6 Tafeln. Vergriffen

14 **Untersuchungen über das Genauschneiden von Stahl und Nichteisenmetallen**
Von Dipl.-Ing. Wilfried Krämer. 96 Seiten Text u. 132 Seiten mit 128 Bildern u. 10 Tafeln. Vergriffen

15 **Entwicklung und Erprobung eines Simulators zur reproduzierbaren Nachahmung der Kraft-Weg-Verläufe von Umformvorgängen**
Von Dipl.-Ing. Kurt Schmid. 88 Seiten Text u. 38 Seiten mit 35 Bildern u. 2 Tafeln. 17,— DM

16 **Walzrichten von Metallbändern mit symmetrisch angestellter Fünf-Walzen-Richtmaschine**
Von Dipl.-Ing. Hans-Dietrich Witte. 108 Seiten Text u. 63 Seiten mit 60 Bildern u. 8 Tafeln. 22,— DM

17/18 **Erzeugung räumlicher Blechgebilde mittels Flächenbiegung**
Konstruktion, Abwicklung und Herstellung von Schraubtorsen aus Blech
Von Prof. Dr.-Ing. E. h. Dr. techn. h. c. Otto Kienzle.
120 Seiten Text u. 55 Seiten mit 86 Bildern u. 3 Tafeln. 22,— DM

19 **Einfluß der Alterung auf die mechanischen Eigenschaften von Stählen zum Kaltfließpressen**
Von Dipl.-Ing. Vladimir Hasek, CSc. 43 Seiten Text u. 54 Seiten mit 50 Bildern u. 3 Tafeln. 16,— DM

20 **Beitrag zur Frage der Spannungen, Formänderungen und Temperaturen beim axialsymmetrischen Strangpressen**
Von Dipl.-Ing. Rolf Dalheimer. 118 Seiten Text u. 76 Seiten mit 79 Bildern u. 3 Tafeln. Vergriffen

21 **Über den Einfluß der Werkzeuggeschwindigkeit auf den Stauchvorgang**
Von Dipl.-Ing. H.-J. Metzler. 127 Seiten Text u. 100 Seiten mit 94 Bildern u. 6 Tafeln. 25,— DM

22 **Numerische Behandlung von Verfahren der Umformtechnik**
Von Dr.-Ing. Elmar Steck. 67 Seiten Text u. 22 Seiten mit 43 Bildern. 16,— DM

23 **Ein Verfahren zur näherungsweisen Berechnung der Wärmeentwicklung und der Temperaturverteilung beim Kaltstauchen von Metallen**
Von Dipl.-Ing. Walther Pohl. 78 Seiten Text u. 51 Seiten mit 61 Bildern u. 4 Tafeln. 21,— DM

24 **Untersuchungen über das Drückwalzen zylindrischer Hohlkörper und Beitrag zur Berechnung der gedrückten Fläche und der Kräfte**
Von Dipl.-Ing. Hans-Jürgen Dreikandt. 161 Seiten Text u. 79 Seiten mit 73 Bildern u. 6 Tafeln. Vergriffen

25 **Über den Formänderungs- und Spannungszustand beim Ziehen von großen unregelmäßigen Blechteilen**
Von Dipl.-Ing. Vladimir Hasek, CSc. 129 Seiten Text u. 106 Seiten mit 109 Bildern u. 9 Tafeln. 35,— DM

26 **Über die Anisotropie des plastischen Verhaltens stranggepreßter Stäbe aus hexagonalen Metallen**
Von Dipl.-Ing. Günther Schroder. 129 Seiten Text u. 75 Seiten mit 97 Bildern u. 2 Tafeln. Vergriffen

27 **Die Messung der mechanischen Kontaktspannung in der Wirkfuge Werkzeug — Werkstück bei Umformverfahren**
Von Dipl.-Ing. Fritz Dohmann. 99 Seiten Text u. 82 Seiten mit 93 Bildern u. 4 Tafeln. Vergriffen

28 **Beitrag zur rechnerunterstützten Auslegung von Pressengestellen**
Von Dipl.-Ing. Manfred Geiger. 94 Seiten u. 56 Seiten mit 63 Bildern. Vergriffen

29 **Untersuchungen über das Aufweittiefziehen**
Von P. S. Raghupathi, M. E. ISBN 3-7736-0780-6
80 Seiten Text u. 54 Seiten mit 73 Bildern u. 2 Tafeln. 32.– DM*

30 **Faltenbildung als Verfahrensgrenze beim Stauchen von Hohlkörpern**
Von Dipl.-Ing. Klaus Dieterle. ISBN 3-7736-0781-4.
55 Seiten Text u. 35 Seiten mit 43 Bildern u. 3 Tafeln. 28.– DM

31 **Beitrag zur Ermittlung von Fließkurven im kontinuierlichen hydraulischen Tiefungsversuch**
Von Dipl.-Ing. Franc Gologranc. ISBN 3-7736-0785-7.
125 Seiten Text u. 58 Seiten mit 95 Bildern u. 6 Tafeln. Vergriffen

32 **Untersuchungen an Strangpreßmatrizen**
Von Dipl.-Ing. Klaus Gieselberg. ISBN 3-7736-0786-5.
101 Seiten Text u. 56 Seiten mit 69 Bildern. 45.– DM

33 **Beitrag zur Messung der Strangoberflächentemperatur beim Strangpressen**
Von Dipl.-Ing. Karl-Heinz Friedrich. ISBN 3-7736-0787-3.
83 Seiten Text u. 90 Seiten mit 84 Bildern u. 3 Tafeln. 48.– DM

34 **Über das Umformverhalten von Blechen aus Titan und Titanlegierungen**
Von Dipl.-Ing. Hans Wilhelm. ISBN 3-7736-0788-1.
107 Seiten Text u. 69 Seiten mit 76 Bildern u. 13 Tafeln. 48.– DM

35 **Untersuchung der magnetischen Induktion, Stromdichte und Kraftwirkung bei der Magnetumformung**
Von Dipl.-Ing. Volker Schmidt. ISBN 3-7736-0789-X.
60 Seiten Text u. 53 Seiten mit 84 Bildern. 21.– DM

36 **Der Stofffluß beim kombinierten Napffließpressen**
Von Dipl.-Ing. Rolf Geiger. ISBN 3-7736-0790-3.
111 Seiten Text u. 74 Seiten mit 80 Bildern u. 6 Tafeln. Vergriffen

37 **Beitrag zum Verhalten superplastischer Werkstoffe beim Massivumformen**
Von Dipl.-Ing. Hans Schelosky. ISBN 3-7736-0791-1.
123 Seiten Text u. 61 Seiten mit 60 Bildern u. 4 Tafeln. Vergriffen

38 **Energieumsatz beim elektrohydraulischen Umformen**
Von Dipl.-Ing. Hans-Joachim Weckerle. ISBN 3-7736-0792-X.
103 Seiten Text u. 46 Seiten mit 56 Bildern. 45.– DM

39 **Elastische Wechselwirkungen an Gestell und Hauptgetriebe weggebundener Pressen**
Von Dipl.-Ing. Lutz Schemperg. ISBN 3-7736-0793-8.
91 Seiten Text u. 58 Seiten mit 65 Bildern u. 3 Tafeln. 45.– DM

40 **Über das plastische Verhalten von Sintermetallen bei Raumtemperatur**
Von Dipl.-Ing. Hartmut Honeß. ISBN 3-7736-0794-6.
84 Seiten Text u. 54 Seiten mit 67 Bildern u. 2 Tafeln. 45.– DM

41 **Untersuchungen zum Halbwarmfließpressen von Stahl**
Von Dr.-Ing. Rolf Geiger, Dipl.-Ing. Eckart Dannenmann und Dipl.-Ing. Jean Stefanakis.
ISBN 37736-0795-4. 50 Seiten Text u. 33 Seiten mit 34 Bildern u. 2 Tafeln. Vergriffen

42 **Änderung der Werkstoffeigenschaften beim Ziehen von zylindrischen Hohlkörpern aus austenitischen und ferritischen nichtrostenden Stählen**
Von Dipl.-Ing. Rolf Zeller. ISBN 3-7736-0796-2.
80 Seiten Text u. 52 Seiten mit 34 Bildern u. 2 Tafeln. 38.– DM

43 **Untersuchungen über das Fließpressen superplastischer Werkstoffe**
Von Dr.-Ing. Hans Schelosky. ISBN 3-7736-0797-0.
36 Seiten Text u. 24 Seiten mit 26 Bildern u. 1 Tafel. Vergriffen

44 **Umformende Bearbeitung in flexiblen Fertigungssystemen**
Von Dipl.-Ing. Hartmut Kaiser. ISBN 3-7736-0798-9.
87 Seiten Text u. 24 Seiten mit 47 Bildern. 36.– DM

45 **Geometrische Eigenschaften tiefgezogener kreiszylindrischer Näpfe**
Von Dipl.-Ing. Dieter Schlosser. ISBN 3-7736-0799-7.
107 Seiten Text u. 64 Seiten mit 60 Bildern u. 9 Tafeln. 48.– DM

46 **Die Eigenschaften einer AlZnMgCu-Legierung nach ausgewählten Kombinationen von Wärmebehandlung und Kaltumformung**
Von Dipl.-Ing. Karl Hankele. ISBN 3-7736-0880-2.
86 Seiten Text u. 51 Seiten mit 52 Bildern u. 4 Tafeln. 45.– DM

47 **Kaltmassivumformen von Sintermetall**
Von Dipl.-Ing. Hans Dieter Schacher. ISBN 3-7736-0881-0.
84 Seiten Text u. 44 Seiten mit 47 Bildern u. 5 Tafeln. 42.– DM

48 **Rechnerunterstützte Arbeitsplanerstellung und Kostenrechnung beim Kaltmassivumformen von Stahl**
Von Dipl.-Ing. Peter Noack. ISBN 3-7736-0882-9.
216 Seiten Text u. 116 Seiten mit 134 Bildern u. 23 Tafeln. 65.– DM

49 **Beitrag zur beanspruchungsgerechten Auslegung von rotationssymmetrischen Fließpreßmatrizen**
Von Dipl.-Ing. Gunther Krämer. ISBN 3-7736-0883-7.
94 Seiten Text u. 53 Seiten mit 56 Bildern. 48.– DM

50 **Erzeugung gratfreier Schnittflächen durch Aufteilen des Schneidvorgangs (Konterschneiden)**
Von Dipl.-Ing. Heinz Liebing. ISBN 3-7736-0884-5.
87 Seiten Text u. 51 Seiten mit 55 Bildern u. 4 Tafeln. 46.– DM

Die Berichte 1 bis 61 sind zu beziehen durch das Institut für Umformtechnik, Holzgartenstr. 17, 7000 Stuttgart 1

51 **Berechnung der elastischen Eigenschaften von Baugruppen im Pressenbau**
Von Dipl.-Ing. Herbert Blum ISBN 3-540-09804-6.
151 Seiten mit 55 Abbildungen. Vergriffen

52 **Untersuchung der Verfahrensgrenzen beim 180°-Biegen von Fein- und Mittelblechen**
Von Dipl.-Phys. Wolfgang Schaub. ISBN 3-540-09881-X.
65 Seiten mit 24 Abbildungen. 38.– DM

53 **Abstreckgleitziehen von nichtrostenden austenitischen Stählen**
Von Dipl.-Ing. Jobst-H. Kerspe. ISBN 3-540-09882-8.
109 Seiten mit 36 Abbildungen. 43,– DM

54 **Fließpressen von Stahl im Temperaturbereich 773 K (500°C) bis 1073 K (800°C)**
Von Dipl.-Ing. Ulrich Diether. ISBN 3-540-09959-X.
165 Seiten mit 80 Abbildungen. 48,– DM

55 **Die numerisch gesteuerte Radial-Umformmaschine und ihr Einsatz im Rahmen einer flexiblen Fertigung**
Von Dipl.-Ing. Peter Metzger. ISBN 3-540-10073-3.
158 Seiten mit 65 Abbildungen. 43,– DM

56 **Möglichkeiten zur Steuerung des Stoffflusses beim Ziehen großer unregelmäßiger Blechteile**
Von Dr.-Ing. Vladimir V. Hasek. ISBN 3-540-10074-1.
193 Seiten mit 96 Abbildungen. 48,– DM

57 **Beitrag zur Arbeitsgenauigkeit des Kaltmassivumformens**
Von Dipl.-Ing. Herbert Leykamm. ISBN 3-540-10363-5.
165 Seiten mit 84 Abbildungen und 5 Tabellen.. 48,– DM

58 **Untersuchungen über das Verjüngen von zylindrischen Vollkörpern**
Von Dipl.-Ing. Helmut Binder. ISBN 3-540-10466-6.
146 Seiten mit 50 Abbildungen und 3 Tabellen. 43,– DM

59 **Umformverhalten legierter Sintereisen**
Von Dipl.-Ing. Manfred Stilz. ISBN 3-540-11051-8.
170 Seiten mit 75 Abbildungen und 5 Tabellen. 48,– DM

60 **Interaktives Programmsystem zur Erstellung von Fertigungsunterlagen für die Kaltmassivumformung**
Von Dipl.-Ing. Michael Rebholz. ISBN 3-540-11052-6.
121 Seiten mit 46 Abbildungen. 43,– DM

61 **Beitrag zum Ziehen von Blechteilen aus Aluminiumlegierungen**
Von Dipl.-Ing. Michael Blaich. ISBN 3-540-11067-4.
141 Seiten mit 64 Abbildungen und 5 Tabellen. 43,– DM

62 **Auslegung von rotationssymmetrischen Fließpreßwerkzeugen im Bereich elastisch-plastischen Werkstoffverhaltens**
Von Dipl.-Ing. Thomas Neitzert. ISBN 3-540-11623-0.
159 Seiten mit 51 Abbildungen. 53,– DM

63 **Fließpressen von Sintermetall im Temperaturbereich zwischen 873 K (600°C) und 1173 K (900°C)**
Von Dipl.-Ing. Wolfgang Schaub. ISBN 3-540-11678-8.
160 Seiten mit 85 Abbildungen und 9 Tabellen. 53,– DM

64 **Rechnerunterstützte Konstruktion von Umformwerkzeugen und die Fertigungsplanung von Werkzeugelementen**
Von Dipl.-Ing. Dieter Steuss. ISBN 3-540-11856-X.
178 Seiten mit 87 Abbildungen und 6 Tabellen. 53,– DM

65 **Möglichkeiten und Grenzen des Kaltgesenkschmiedens als eine fertigungstechnische Alternative für kleine, genaue Formteile**
Von Dipl.-Ing. Khang Hoang-Vu. ISBN 3-540-11876-4.
156 Seiten mit 62 Abbildungen und 5 Tabellen. 53,– DM

66 **Einsatz numerischer Näherungsverfahren bei der Berechnung von Verfahren der Kaltmassivumformung.**
Von Dipl.-Ing. Karl Roll. ISBN 3-540-11910-8.
166 Seiten mit 49 Abbildungen und 2 Tabellen. 53,– DM

67 **Untersuchung über das Verjüngen von dickwandigen, zylindrischen Hohlkörpern**
Von Dipl.-Ing. Knut Haarscheidt. ISBN 3-540-12229-X.
124 Seiten mit 58 Abbildungen und 6 Tabellen. 58,– DM

68 **Rechnerunterstützte Optimierung des Tiefziehens unregelmäßiger Blechteile**
Von Dipl.-Ing. Hans Glöckl. ISBN 3-540-12522-1.
143 Seiten mit 60 Abbildungen. 58,– DM

69 **Hydrostatisches Fließpressen: Verfahrensparameter und Werkstückeigenschaften**
Von Dipl.-Ing. Jobst H. Kerspe. ISBN 3-540-12537-X.
123 Seiten mit 69 Abbildungen und 5 Tabellen. 58,– DM

70 **Untersuchungen zum Halbwarmfließpressen von Automatenstählen**
Von|Dipl.-Ing. Eberhard Nehl. ISBN 3-540-12568-X.
145 Seiten mit 104 Abbildungen. 58,– DM

71 **Entwicklung und Anwendung neuer Schmierstoffprüfverfahren für die Kaltmassivumformung**
Von Dipl.-Ing. Thomas Gräbener. ISBN 3-540-12836-0.
140 Seiten mit 65 Abbildungen. 58,– DM

72 **Einfluß der Blechoberfläche beim Ziehen von Blechteilen aus Aluminiumlegierungen**
Von Dipl.-Ing. Erhard Mössle. ISBN 3-540-12837-9.
142 Seiten mit 62 Abbildungen und 6 Tabellen. 58,– DM

73 **Werkzeugverschleiß in der Massivumformung**
Von Dipl.-Ing. Matthias Weiergräber. ISBN 3-540-13033-0.
72 Seiten mit 36 Abbildungen und 2 Tabellen. 58,– DM

Die Berichte 62 und folgende sind zu beziehen durch den Springer-Verlag, Berlin Heidelberg New York Tokyo

74 **Grundlagen der Umformtechnik I · Fundamentals of Metal Forming Technique I**
298 Seiten. ISBN 3-540-13039-X. 58,– DM

75 **Grundlagen der Umformtechnik II · Fundamentals of Metal Forming Technique II**
280 Seiten. ISBN 3-540-13040-3. 58,– DM

76 **Herstellung und Versteifungswirkung von geschlossenen Halbrundsicken**
Von Dipl.-Ing. Michael Widmann. ISBN 3-540-13172-8.
150 Seiten mit 63 Abbildungen. 63,– DM

77 **Kostenoptimierter Einsatz der Radialumformmaschine in gemischten, flexiblen Fertigungssystemen**
Von Dipl.-Ing. Michael Dostal. ISBN 3-540-13286-4.
121 Seiten mit 61 Abbildungen. 63,– DM

78 **Rechnerische Ermittlung von Zustandsgrößen beim Radialumformen**
Von Dipl.-Ing. Roland Paukert. ISBN 3-540-13287-2.
131 Seiten mit 57 Abbildungen und 1 Tabelle. 63,– DM

79 **Numerische Steuerung einer flexiblen Bearbeitungseinheit zum Radialumformen**
Von Dipl.-Ing. Helmut Noller. ISBN 3-540-13550-2.
120 Seiten mit 41 Abbildungen und 2 Tabellen. 63,– DM

80 **Vergleichende Betrachtung der Verfahren zur Prüfung der plastischen Eigenschaften metallischer Werkstoffe**
Von Dr.-Ing. Klaus Pöhlandt. ISBN 3-540-13578-2.
176 Seiten mit 43 Abbildungen und 11 Tabellen. 63,– DM

81 **Aufweitung von Fließpreßmatrizen mit überlagerter thermischer und mechanischer Beanspruchung**
Von Dipl.-Ing. Ewald Kling. ISBN 3-540-15755-7.
139 Seiten mit 61 Abbildungen und 1 Tabelle. 63,– DM

82 **Messung des Werkzeugverschleißes bei der Kalt- und Halbwarmumformung mit Radionukliden**
Von Dipl.-Ing. Eberhard Nehl. ISBN 3-540-16497-9.
131 Seiten mit 55 Abbildungen und 11 Tabellen. 68,– DM

83 **Ermittlung von Eigenspannungen in der Kaltmassivumformung**
Von A. Erman Tekkaya. ISBN 3-540-16498-7.
162 Seiten mit 60 Abbildungen und 2 Tabellen. 68,– DM

84 **Korrosionsbeständigkeit tiefgezogener rotationssymmetrischer Werkstücke aus austenitischen Stählen**
Von Dipl.-Ing. Matthias Weiergräber. ISBN 3-540-
137 Seiten mit 63 Abbildungen und 4 Tabellen. 68,– DM

Die Berichte 62 und folgende sind zu beziehen durch den Springer-Verlag, Berlin Heidelberg New York Tokyo